小学 5 年生

文章題にぐーんと強くなる

学習指導要領対応

KUMON

JN050574

5年生

もくじ

**小数の
かけ算と
わり算**

① 小数のかけ算とわり算① ⋯⋯⋯⋯⋯⋯ **4** ページ
② 小数のかけ算とわり算② ⋯⋯⋯⋯⋯⋯ **6** ページ
③ 小数のかけ算とわり算③ ⋯⋯⋯⋯⋯⋯ **8** ページ
④ 小数のかけ算とわり算④ ⋯⋯⋯⋯⋯⋯ **10** ページ
⑤ 小数のかけ算とわり算⑤ ⋯⋯⋯⋯⋯⋯ **12** ページ
⑥ 小数のかけ算とわり算⑥ ⋯⋯⋯⋯⋯⋯ **14** ページ
⑦ 小数のかけ算とわり算⑦ ⋯⋯⋯⋯⋯⋯ **16** ページ
⑧ 小数のかけ算とわり算⑧ ⋯⋯⋯⋯⋯⋯ **18** ページ
⑨ 小数のかけ算とわり算⑨ ⋯⋯⋯⋯⋯⋯ **20** ページ
⑩ 小数のかけ算とわり算⑩ ⋯⋯⋯⋯⋯⋯ **22** ページ
⑪ 小数のかけ算とわり算⑪ ⋯⋯⋯⋯⋯⋯ **24** ページ
⑫ 小数のかけ算とわり算⑫ ⋯⋯⋯⋯⋯⋯ **26** ページ
⑬ 小数のかけ算とわり算⑬ ⋯⋯⋯⋯⋯⋯ **28** ページ
⑭ 小数のかけ算とわり算⑭ ⋯⋯⋯⋯⋯⋯ **30** ページ
⑮ 小数のかけ算とわり算⑮ ⋯⋯⋯⋯⋯⋯ **32** ページ
⑯ 小数のかけ算とわり算⑯ ⋯⋯⋯⋯⋯⋯ **34** ページ
⑰ 小数のかけ算とわり算⑰ ⋯⋯⋯⋯⋯⋯ **36** ページ
⑱ 小数のかけ算とわり算⑱ ⋯⋯⋯⋯⋯⋯ **38** ページ
⑲ 小数のかけ算とわり算⑲ ⋯⋯⋯⋯⋯⋯ **40** ページ
⑳ 小数のかけ算とわり算⑳ ⋯⋯⋯⋯⋯⋯ **42** ページ
㉑ 小数のかけ算とわり算㉑ ⋯⋯⋯⋯⋯⋯ **44** ページ
㉒ 小数のかけ算とわり算㉒ ⋯⋯⋯⋯⋯⋯ **46** ページ
㉓ 小数のかけ算とわり算㉓ ⋯⋯⋯⋯⋯⋯ **48** ページ
㉔ 小数のかけ算とわり算㉔ ⋯⋯⋯⋯⋯⋯ **50** ページ

わり算と分数　㉕ わり算と分数 ⋯⋯⋯⋯⋯⋯⋯⋯⋯⋯ **52** ページ

**分数の
たし算と
ひき算**

㉖ 分数のたし算とひき算① ⋯⋯⋯⋯⋯⋯ **54** ページ
㉗ 分数のたし算とひき算② ⋯⋯⋯⋯⋯⋯ **56** ページ
㉘ 分数のたし算とひき算③ ⋯⋯⋯⋯⋯⋯ **58** ページ
㉙ 分数のたし算とひき算④ ⋯⋯⋯⋯⋯⋯ **60** ページ
㉚ 分数のたし算とひき算⑤ ⋯⋯⋯⋯⋯⋯ **62** ページ
㉛ 分数のたし算とひき算⑥ ⋯⋯⋯⋯⋯⋯ **64** ページ
㉜ 分数のたし算とひき算⑦ ⋯⋯⋯⋯⋯⋯ **66** ページ
㉝ 分数のたし算とひき算⑧ ⋯⋯⋯⋯⋯⋯ **68** ページ
㉞ 分数のたし算とひき算⑨ ⋯⋯⋯⋯⋯⋯ **70** ページ
㉟ 分数のたし算とひき算⑩ ⋯⋯⋯⋯⋯⋯ **72** ページ
㊱ 分数のたし算とひき算⑪ ⋯⋯⋯⋯⋯⋯ **74** ページ

**□を使って
とく問題**　㊲ □を使ってとく問題 ⋯⋯⋯⋯⋯⋯⋯ **76** ページ

平均の問題
㊳ 平均の問題① ⋯⋯⋯⋯⋯⋯⋯⋯⋯ **78** ページ
㊴ 平均の問題② ⋯⋯⋯⋯⋯⋯⋯⋯⋯ **80** ページ

**単位量あたりの
大きさの問題**
㊵ 単位量あたりの大きさの問題① ⋯⋯⋯⋯ **82** ページ
㊶ 単位量あたりの大きさの問題② ⋯⋯⋯⋯ **84** ページ
㊷ 単位量あたりの大きさの問題③ ⋯⋯⋯⋯ **86** ページ

速さの問題

㊸ 速さの問題① …… 88ページ
㊹ 速さの問題② …… 90ページ
㊺ 速さの問題③ …… 92ページ
㊻ 速さの問題④ …… 94ページ
㊼ 速さの問題⑤ …… 96ページ
㊽ 速さの問題⑥ …… 98ページ
㊾ 速さの問題⑦ …… 100ページ
㊿ 速さの問題⑧ …… 102ページ
(51) 速さの問題⑨ …… 104ページ

割合(わりあい)の問題

(52) 割合(わりあい)の問題① …… 106ページ
(53) 割合(わりあい)の問題② …… 108ページ
(54) 割合(わりあい)の問題③ …… 110ページ
(55) 割合(わりあい)の問題④ …… 112ページ
(56) 割合(わりあい)の問題⑤ …… 114ページ
(57) 割合(わりあい)の問題⑥ …… 116ページ
(58) 割合(わりあい)の問題⑦ …… 118ページ
(59) 割合(わりあい)の問題⑧ …… 120ページ
(60) 割合(わりあい)の問題⑨ …… 122ページ
(61) 割合(わりあい)の問題⑩ …… 124ページ
(62) 割合(わりあい)の問題⑪ …… 126ページ
(63) 割合(わりあい)の問題⑫ …… 128ページ
(64) 割合(わりあい)の問題⑬ …… 130ページ
(65) 割合(わりあい)の問題⑭ …… 132ページ
(66) 割合(わりあい)の問題⑮ …… 134ページ
(67) 割合(わりあい)の問題⑯ …… 136ページ
(68) 割合(わりあい)の問題⑰ …… 138ページ
(69) 割合(わりあい)の問題⑱ …… 140ページ
(70) 割合(わりあい)の問題⑲ …… 142ページ

いろいろな問題

(71) いろいろな問題① …… 144ページ
(72) いろいろな問題② …… 146ページ
(73) いろいろな問題③ …… 148ページ
(74) いろいろな問題④ …… 150ページ
(75) いろいろな問題⑤ …… 152ページ
(76) いろいろな問題⑥ …… 154ページ
(77) いろいろな問題⑦ …… 156ページ
(78) いろいろな問題⑧ …… 158ページ
(79) いろいろな問題⑨ …… 160ページ
(80) いろいろな問題⑩ …… 162ページ

5年のまとめ

(81) 5年のまとめ① …… 164ページ
(82) 5年のまとめ② …… 166ページ

答え …… 別冊(べっさつ)

1 小数の かけ算とわり算①

1 1本が1.3kgの鉄のぼうが9本あります。この鉄のぼう全部の重さは何kgになりますか。〔8点〕

式

答え _____

2 水を2.8Lずつ16このポリタンクに入れました。ポリタンクの水は全部で何Lありますか。〔8点〕

式

答え _____

3 1mの重さが4kgの鉄のぼうがあります。この鉄のぼう3.6mの重さは何kgですか。〔8点〕

式

答え _____

4 塩が1ふくろに0.85kgずつ入っています。5ふくろ分の塩の重さは何kgになりますか。〔8点〕

式

答え _____

5 ペンキ1Lで3.67m²の面積をぬることができます。ペンキ12Lでは何m²の面積がぬれますか。〔8点〕

式

答え _____

6 同じ重さの荷物8この重さをはかったら，全部で14.4kgありました。この荷物1この重さは何kgですか。〔10点〕

答え _____

7 油が39.8Lあります。これを7Lずつかんに入れると何かんできて何Lあまりますか。〔10点〕

答え _____

8 ロープが64.4mあります。これを同じ長さずつ28本に切ります。1本のロープの長さを何mにすればよいでしょうか。〔10点〕

答え _____

9 さとうが11.6kgあります。これを8つのふくろに同じ量ずつ分けて入れます。1つのふくろに何kgずつ入れればよいでしょうか。わり切れるまで計算して答えを求めましょう。〔10点〕

答え _____

10 18mのはり金の重さをはかったら，ちょうど3kgありました。このはり金1mの重さは約何kgですか。答えは四捨五入して$\frac{1}{10}$の位(小数第1位)まで求めましょう。〔10点〕

答え _____

11 ぶどうが75.6kgとれました。これを12kgずつ箱に入れると何箱できて何kgあまりますか。〔10点〕

（式）

答え _____

2 小数の かけ算とわり算②

答え▶ 別冊解答 1ページ

1 1mの重さが4kgの鉄のぼうがあります。この鉄のぼう1.6mの重さは何kgですか。〔8点〕

式 $4 \times 1.6 =$ [　　　]

答え [　　　] kg

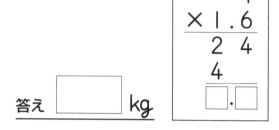

2 ペンキ1Lで3m²のかべをぬることができます。このペンキ1.5Lでは，何m²のかべをぬることができますか。〔8点〕

式 $3 \times 1.5 =$

答え [　　　] m²

3 1時間に7m²ずつ草取りをします。1.5時間では，何m²の草取りができますか。〔8点〕

式

答え [　　　]

4 1Lのガソリンで9km走る自動車があります。この自動車は，0.5Lのガソリンで何km走りますか。〔8点〕

式

答え [　　　]

5 たてが4m，横が0.7mの長方形の形をした池があります。この池の面積は何m²ですか。〔8点〕

式

答え [　　　]

6 1mが26gのひもが1.4mあります。このひもの重さは何gですか。〔10点〕

式 $26 \times 1.4 =$

```
    2 6
  × 1.4
  1 0 4
  2 6
  □□.□
```

答え [   ] g

7 1Lのガソリンで12km走る自動車があります。この自動車は，2.7Lのガソリンで何km走りますか。〔10点〕

式 $12 \times 2.7 =$

答え [   ] km

8 1時間に14m²ずつ草取りをします。1.3時間では，何m²の草取りができますか。〔10点〕

式

答え

9 たてが32m，横が4.6mの長方形の形をした池があります。この池の面積は何m²ですか。〔10点〕

式

答え

10 1時間に43m²ずつ草取りをします。0.05時間では，何m²の草取りができますか。〔10点〕

式 $43 \times 0.05 =$

```
    4 3
  × 0.0 5
  2.□□
```

答え [   ] m²

11 工作で，1mの重さが83gのはり金を0.06m使いました。使ったはり金の重さは何gですか。〔10点〕

式 $83 \times 0.06 =$

答え [   ] g

3 小数の かけ算とわり算③

1 1mが35円のテープがあります。このテープ1.4mの代金は何円ですか。〔8点〕

式 $35 \times 1.4 =$

答え □ 円

$$
\begin{array}{r}
3\ 5 \\
\times\ 1.4 \\
\hline
1\ 4\ 0 \\
3\ 5 \\
\hline
\boxed{}\boxed{}.0 \\
\end{array}
$$

2 1mの重さが16kgの鉄のぼうがあります。この鉄のぼう2.5mの重さは何kgですか。〔8点〕

式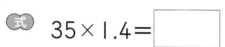

答え   kg

3 1分間に6Lの水が出るホースで池に水を入れます。3.5分間では，何Lの水を入れることができますか。〔8点〕

式

答え

4 たてが30m，横が8.7mの長方形の形をした畑があります。この畑の面積は何m²ですか。〔8点〕

式

答え

5 1分間に20Lずつ池に水を入れます。3.5分間では，何Lの水を入れることができますか。〔8点〕

式

答え

6 1Lの重さが1.3kgのはちみつがあります。このはちみつ2.5Lの重さは何kgですか。〔10点〕

式 $1.3 \times 2.5 =$

答え □□□ kg

$$
\begin{array}{r}
1.3 \\
\times\ 2.5 \\
\hline
6\ 5 \\
2\ 6 \\
\hline
\square\ .\square\ \square
\end{array}
$$

7 1分間に1.4Lずつ水そうに水を入れます。1.6分間では何Lの水を入れることができますか。〔10点〕

式

答え _____

8 1Lのガソリンで9.5km走る自動車があります。この自動車は，4.5Lのガソリンで何km走りますか。〔10点〕

式

答え _____

9 たてが6.4m，横が8.6mの長方形の形をした畑があります。この畑の面積は何m²ですか。〔10点〕

式

答え _____

10 1mの重さが2.5kgの鉄のぼうがあります。この鉄のぼう0.07mの重さは何kgですか。〔10点〕

式 $2.5 \times 0.07 =$

答え □□□ kg

$$
\begin{array}{r}
2.5 \\
\times\ 0.0\ 7 \\
\hline
0.\square\ \square\ \square
\end{array}
$$

11 1Lのガソリンで8.6km走る自動車があります。この自動車は，0.09Lのガソリンで何km走りますか。〔10点〕

式 $8.6 \times 0.09 =$

答え _____ km

1 １Lの重さが1.4kgのジュースがあります。このジュース0.6Lの重さは何kgですか。〔8点〕

式 $1.4 \times 0.6 =$

答え ___ kg

```
    1 . 4
  ×  0 . 6
  0 . □ □
```

2 １mの重さが1.3kgのパイプがあります。このパイプ0.7mの重さは何kgですか。
〔8点〕

式 $1.3 \times 0.7 =$

答え ___ kg

3 １dLのペンキで1.6m²の板をぬることができます。このペンキ0.4dLでは，何m²の板をぬることができますか。〔8点〕

式

答え ___

4 たてが1.2m，横が0.7mの長方形の形をした板があります。この板の面積は何m²ですか。〔8点〕

式

答え ___

5 １mの重さが0.8kgのパイプがあります。このパイプ1.2mの重さは何kgですか。
〔8点〕

式

答え ___

6 １dLのペンキで0.7m²の板をぬることができます。このペンキ1.25dLでは，何m²の板をぬることができますか。〔8点〕

式

答え ___

7 1Lの重さが1.2kgの食塩水があります。この食塩水1.5Lの重さは何kgですか。

〔8点〕

式 $1.2 \times 1.5 =$

$$\begin{array}{r} 1.2 \\ \times\ 1.5 \\ \hline 6\ 0 \\ 1\ 2\ \ \\ \hline \square.\square\ 0 \end{array}$$

答え _____ kg

8 たてが3.5m，横が2.4mの長方形の形をした花だんがあります。この花だんの面積は何m²ですか。〔8点〕

式

答え _____

9 畑1m²あたりから4.5kgの小麦がとれるとすると，1.8m²の畑からは何kgの小麦がとれますか。〔8点〕

式

答え _____

10 1mの重さが3.4kgの鉄のぼうがあります。この鉄のぼう1.5mの重さは何kgになりますか。〔8点〕

式

答え _____

11 1dLのペンキで1.5m²の板をぬることができます。このペンキ0.8dLでは，何m²の板をぬることができますか。〔10点〕

式

答え _____

12 1Lの重さが1.4kgのジュースがあります。このジュース0.05Lの重さは何kgですか。〔10点〕

式

答え _____

5 小数の かけ算とわり算⑤

答え▶ 別冊解答 2ページ

1 たてが16mの長方形の形をした畑があります。横の長さは，たての長さの1.3倍です。横の長さは何mですか。〔6点〕

式 16×1.3＝

答え _____ m

2 えいたさんの体重は34kgです。お父さんの体重は，えいたさんの体重の1.8倍です。お父さんの体重は何kgですか。〔6点〕

式

答え _____

3 さくらさんの体重は36kgです。弟の体重は，さくらさんの体重の0.7倍です。弟の体重は何kgですか。〔8点〕

式

答え _____

4 ソフトボールの重さは180gです。野球のボールは，ソフトボールの重さの0.7倍あるそうです。野球のボールの重さは何gですか。〔8点〕

式

答え _____

5 あんなさんの身長は1.4mです。お兄さんの身長は，あんなさんの身長の1.2倍です。お兄さんの身長は何mですか。〔8点〕

式

答え _____

6 白いロープの長さは1.2mです。青いロープの長さは，白いロープの長さの1.8倍あります。青いロープの長さは何mですか。〔8点〕

式

答え _____

7 ジュースが1.2Lあります。牛にゅうは，ジュースの1.6倍あります。牛にゅうは何Lありますか。〔8点〕

式

答え _____

8 赤いテープが2.4mあります。青いテープは，赤いテープの1.8倍あるそうです。青いテープは何mありますか。〔8点〕

式

答え _____

9 さとうが1.5kgあります。塩は，さとうの2.4倍あります。塩は何kgありますか。
〔8点〕

式

答え _____

10 ひろとさんは6.5m²の草取りをしました。弟は，ひろとさんの0.8倍の面積の草取りをしました。弟は何m²の草取りをしましたか。〔8点〕

式

答え _____

11 白いロープが3.5mあります。青いロープは，白いロープの0.7倍あるそうです。青いロープは何mありますか。〔8点〕

式

答え _____

12 牛にゅうが3.26Lあります。ジュースは，牛にゅうの0.5倍あるそうです。ジュースは何Lありますか。〔8点〕

式

答え _____

13 たてが2.85mの長方形の形をした花だんがあります。横の長さは，たての長さの1.2倍あります。横の長さは何mですか。〔8点〕

式

答え _____

6 小数の かけ算とわり算⑥

答え➡ 別冊解答 2ページ

1 0.6 L のジュースが入ったびんが 4 本あります。ジュースは全部で何 L あります か。〔6点〕

答え

2 1 箱に1.5kgのいちごが入っています。6 箱分のいちごの重さは何kgになりま すか。〔6点〕

答え

3 はり金を2.5mずつ 5 本に切りました。はり金は，はじめに何mありましたか。
〔8点〕

答え

4 1 ふくろに米が3.6kgずつ入っています。この米 8 ふくろ分の重さは何kgにな りますか。〔8点〕

答え

5 牛にゅうが1.8 L ずつ入ったびんが12本あります。牛にゅうは全部で何 L あり ますか。〔8点〕

答え

6 はるきさんは，0.6kmある池の周りを15周走りました。全部で何km走りました か。〔8点〕

答え

7 テープを1.8mずつに切ると，ちょうど20本になりました。はじめに，テープは何mありましたか。〔8点〕

式

答え _____

8 1mが50円のリボンがあります。このリボン2.5mの代金は何円ですか。〔8点〕

式

答え _____

9 1Lのガソリンで12km走る自動車があります。この自動車は，3.6Lのガソリンで何km走りますか。〔8点〕

式

答え _____

10 そうたさんの体重は36kgです。お父さんの体重は，そうたさんの体重の1.7倍です。お父さんの体重は何kgですか。〔8点〕

式

答え _____

11 1mの重さが4.5kgの鉄のぼうがあります。この鉄のぼう1.7mの重さは何kgですか。〔8点〕

式

答え _____

12 ペンキ1Lで2.8㎡のかべをぬることができます。このペンキ2.5Lでは，何㎡のかべをぬることができますか。〔8点〕

式

答え _____

13 1Lの重さが1.42kgのはちみつがあります。このはちみつ0.9Lの重さは何kgですか。〔8点〕

式

答え _____

別冊解答 2・3ページ 答え

1 さとうが3kgあります。これを0.5kgずつふくろに入れます。ふくろを何ふくろ用意すればよいでしょうか。〔8点〕

式 $3 \div 0.5 =$

0.5)3.0

答え　　　　　ふくろ

2 長さ6mのひもがあります。これを0.4mずつに切っていきます。0.4mのひもは何本できますか。〔8点〕

式 $6 \div 0.4 =$

答え　　　　　本

3 しょう油が8Lあります。これを0.5Lずつびんに入れます。0.5L入りのびんは何本できますか。〔8点〕

式

答え

4 1ふくろの重さが0.8kgの, 塩の入ったふくろが何ふくろかあります。全部の重さは12kgだそうです。塩は何ふくろありますか。〔8点〕

式

答え

5 長さ15mのテープがあります。これを0.6mずつに切っていきます。0.6mのテープは何本できますか。〔8点〕

式

答え

6 牛にゅうが14Lあります。これを0.4Lずつびんに入れます。0.4L入りのびんは何本できますか。〔8点〕

式

答え

7 灯油が27Lあります。これを1.8Lずつびんに入れます。びんは何本あればよいでしょうか。〔8点〕

式

答え _____

8 長さ15mのロープがあります。これを2.5mずつに切っていきます。2.5mのロープは何本できますか。〔8点〕

式

答え _____

9 1ふくろの重さが1.6kgの, さとうの入ったふくろが何ふくろかあります。全部の重さは40kgだそうです。さとうは何ふくろありますか。〔8点〕

式

答え _____

10 米が36kgあります。これを2.4kgずつふくろに入れます。ふくろは何ふくろあればよいでしょうか。〔8点〕

式

答え _____

11 牛にゅうが20Lあります。これを1.25Lずつびんに入れます。びんは何本あればよいでしょうか。〔10点〕

式

```
         □□
1.25)20.00
      125
       750
       750
         0
```

答え _____

12 長さ63mのはり金があります。これを3.15mずつに切っていくと, 何本できますか。〔10点〕

式

答え _____

1 　0.6mの重さが3kgの鉄のぼうがあります。この鉄のぼう1mの重さは何kgですか。〔8点〕

式　3÷0.6＝

答え　　　　　　　　kg

2 　0.8Lのガソリンで16km走るオートバイがあります。このオートバイは，ガソリン1Lで何km走りますか。〔8点〕

式

答え

3 　0.4Lのペンキで6mの線を引くことができます。このペンキ1Lでは何mの線を引くことができますか。〔8点〕

式

答え

4 　0.9mの重さが270gのはり金があります。このはり金1mの重さは何gですか。
〔8点〕

式

答え

5 　リボンを0.6m買ったら，代金が210円でした。このリボン1mのねだんは何円ですか。〔8点〕

式

答え

6 　0.8kgの代金が200円のさとうがあります。このさとう1kgのねだんは何円ですか。〔10点〕

式

答え

7 リボンを1.2m買ったら，代金が360円でした。このリボン1mのねだんは何円ですか。〔10点〕

(式)

答え _____

8 ぬのを1.8m買ったら，代金が810円でした。このぬの1mのねだんは何円ですか。〔10点〕

(式)

答え _____

9 2.5kgの代金が600円の塩があります。この塩1kgのねだんは何円ですか。〔10点〕

(式)

答え _____

10 2.6mの重さが13kgの鉄のぼうがあります。この鉄のぼう1mの重さは何kgですか。〔10点〕

(式)

答え _____

11 36mの線を引くのに1.44Lのペンキを使いました。このペンキ1Lで何mの線を引いたことになりますか。〔10点〕

(式)

$$
\begin{array}{r}
\quad\Box\,\Box \\
1{,}44\,\overline{)\,36{,}00} \\
288 \\
\hline
720 \\
720 \\
\hline
0
\end{array}
$$

答え [____] m

9 小数の かけ算とわり算⑨

1 牛にゅうが3.2Lあります。これを0.2Lずつびんに入れます。0.2L入りのびんは何本できますか。〔8点〕

式 $3.2 \div 0.2 =$ ☐

答え ☐ 本

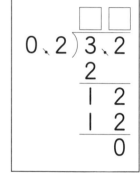

2 さとうが5.6kgあります。これを0.4kgずつふくろに入れます。0.4kg入りのふくろは何ふくろできますか。〔8点〕

式 $5.6 \div 0.4 =$

答え ____ ふくろ

3 長さ28.8mのひもがあります。これを1.6mずつに切っていきます。1.6mのひもは何本できますか。〔8点〕

式

答え ____

4 ジュースが25.2Lあります。これを1.8Lずつびんに入れます。1.8L入りのびんは何本できますか。〔8点〕

式

答え ____

5 1本の重さが2.4kgの鉄のぼうが何本かあります。全部の重さをはかったら, 62.4kgありました。鉄のぼうは何本ありますか。〔8点〕

式

答え ____

6 0.8mの重さが2.4kgの鉄のぼうがあります。この鉄のぼう1mの重さは何kgですか。〔10点〕

（式）

答え _____

7 0.6Lのペンキで9.6mの線を引くことができます。このペンキ1Lでは何mの線を引くことができますか。〔10点〕

（式）

答え _____

8 0.7Lのガソリンで12.6km走るオートバイがあります。このオートバイは、ガソリン1Lで何km走りますか。〔10点〕

（式）

答え _____

9 1.4mの鉄のぼうの重さをはかったら、5.6kgありました。この鉄のぼう1mの重さは何kgですか。〔10点〕

（式）

答え _____

10 道路に白線を2.84m引くのに、ペンキを11.36dL使いました。白線を1m引くのに、ペンキを何dL使いましたか。〔10点〕

（式）

```
          □
2.84)11.36
     11 36
        0
```

答え _____

11 3.25Lのガソリンで48.75km走る自動車があります。この自動車は、ガソリン1Lで何km走りますか。〔10点〕

（式）

答え _____

小数の かけ算とわり算⑩

1 長さが3.5mのテープがあります。これを0.8mずつに切っていきます。0.8mのテープは何本できて，何mあまりますか。〔8点〕

式　$3.5 \div 0.8 =$ □ あまり 0.3

答え □ 本できて，□ mあまる。

```
        4
0.8)3.5
     3 2
     0.3
```

2 ジュースが1.8Lあります。これを0.5Lずつコップに入れます。ジュースが0.5L入ったコップはいくつできて，何Lあまりますか。〔8点〕

式　$1.8 \div 0.5 =$

答え　　　　つできて，　　　　Lあまる。

3 さとうが6.5kgあります。これを0.4kgずつふくろに入れます。0.4kg入りのさとうは何ふくろできて，何kgあまりますか。〔8点〕

式

答え

4 長さが14.3mのはり金があります。このはり金から0.7mのはり金は何本切りとれて，何mあまりますか。〔8点〕

式

答え

5 しょう油が11.2Lあります。これを0.6Lずつびんに入れます。0.6L入りのびんは何本できて，何Lあまりますか。〔8点〕

式

答え

6 小鳥のえさが13.4kgあります。1日に1.6kgずつ食べさせると，何日分になって，何kgあまりますか。〔10点〕

(式)

答え _____

7 牛にゅうが16.5Lあります。これを1.8Lずつびんに入れると，何本できて，何Lあまりますか。〔10点〕

(式)

答え _____

8 長さが16.4mのテープがあります。このテープを1.3mずつに切っていくと，1.3mのテープは何本できて，何mあまりますか。〔10点〕

(式)

答え _____

9 大豆が27.6kgとれました。これを2.5kgずつふくろに入れると，何ふくろできて，何kgあまりますか。〔10点〕

(式)

答え _____

10 灯油が55.5Lあります。これを3.6Lずつかんに入れると，3.6L入りのかんは何かんできて，何Lあまりますか。〔10点〕

(式)

答え _____

11 長さが64.3mのロープがあります。これを5.2mずつに切っていくと，5.2mのロープは何本できて，何mあまりますか。〔10点〕

(式)

答え _____

1 すなが2.5Lあります。このすなの重さをはかったら3kgありました。このすな1Lの重さは何kgですか。わり切れるまで計算して答えを求めましょう。〔8点〕

式 $3 \div 2.5 =$

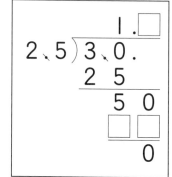

答え 　　　kg

2 長さが2.4mの鉄のぼうがあります。この鉄のぼうの重さをはかったら6kgありました。この鉄のぼう1mの重さは何kgですか。わり切れるまで計算して答えを求めましょう。〔8点〕

式 $6 \div 2.4 =$

答え 　　　kg

3 7.5dLのペンキで9m²のかべをぬることができます。このペンキ1dLでは何m²のかべをぬることができますか。わり切れるまで計算して答えを求めましょう。
〔8点〕

式

答え

4 米7.5Lの重さをはかったら6kgでした。この米1Lの重さは何kgですか。わり切れるまで計算して答えを求めましょう。〔8点〕

式

答え

5 油3.2Lの重さをはかったら4kgでした。この油1Lの重さは何kgですか。わり切れるまで計算して答えを求めましょう。〔8点〕

式

答え

6 長さが1.5mの鉄のぼうの重さをはかったら3.9kgありました。この鉄のぼう1mの重さは何kgですか。わり切れるまで計算して答えを求めましょう。〔10点〕

式

答え _____

7 3.5Lのペンキの重さをはかったら4.2kgでした。このペンキ1Lの重さは何kgですか。わり切れるまで計算して答えを求めましょう。〔10点〕

式

答え _____

8 米4.5Lの重さをはかったら3.6kgでした。この米1Lの重さは何kgですか。わり切れるまで計算して答えを求めましょう。〔10点〕

式

答え _____

9 面積が15.5m²の長方形の形をした花だんがあります。横の長さは6.2mです。たての長さは何mですか。わり切れるまで計算して答えを求めましょう。〔10点〕

式

答え _____

10 面積が3.2m²の鉄の板があります。この鉄の板の重さは18.72kgです。この鉄の板1m²の重さは何kgですか。わり切れるまで計算して答えを求めましょう。〔10点〕

式

答え _____

11 食用油が0.8Lあります。重さをはかったら0.66kgありました。この食用油1Lの重さは何kgですか。わり切れるまで計算して答えを求めましょう。〔10点〕

式

答え _____

12

小数の
かけ算とわり算⑫

得 点

点

答え▶ 別冊解答 4ページ

1 2.6mの鉄のぼうの重さをはかったら，3.5kgでした。この鉄のぼう1mの重さは約何kgですか。答えは四捨五入して$\frac{1}{10}$の位まで求めましょう。〔10点〕

式 3.5÷2.6＝1.34…

商を$\frac{1}{100}$の位まで求め，$\frac{1}{100}$の位を四捨五入します。

答え 約 _____ kg

2 3.4Lのペンキで6m²の板をぬれます。このペンキ1Lでは約何m²の板をぬることができますか。答えは四捨五入して$\frac{1}{10}$の位まで求めましょう。〔10点〕

式

答え _____

3 4.2mのプラスチックのぼうの重さをはかったら3kgありました。このプラスチックのぼう1mの重さは約何kgですか。答えは四捨五入して$\frac{1}{10}$の位まで求めましょう。〔10点〕

式

答え _____

4 2.8Lのペンキの重さをはかったら3.3kgありました。このペンキ1Lの重さは約何kgですか。答えは四捨五入して$\frac{1}{10}$の位まで求めましょう。〔10点〕

式

答え _____

5 0.9Lの重さが0.8kgの米があります。この米1Lの重さは約何kgですか。答えは四捨五入して$\frac{1}{10}$の位まで求めましょう。〔10点〕

式

答え _____

6 すなが1.6Lあります。このすなの重さをはかったら2.7kgありました。このすな1Lの重さは約何kgですか。答えは四捨五入して上から2けたのがい数で求めましょう。〔10点〕

式　2.7÷1.6＝1.68…

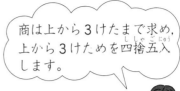

商は上から3けたまで求め，上から3けためを四捨五入します。

答え　約　　　　　　　kg

7 長さが4.5mで，重さが1.5kgのはり金があります。このはり金1mの重さは約何kgですか。答えは四捨五入して上から2けたのがい数で求めましょう。〔10点〕

式

答え

8 2.6dLのペンキで3.2m²のかべをぬれます。1m²のかべをぬるには，このペンキは約何dLあればよいでしょうか。答えは四捨五入して上から2けたのがい数で求めましょう。〔10点〕

式

答え

9 4.5Lのガソリンで53km走る自動車があります。この自動車は，ガソリン1Lで約何km走りますか。答えは四捨五入して上から2けたのがい数で求めましょう。〔10点〕

式

答え

10 油が0.6Lあります。この油の重さをはかったら0.5kgありました。この油1Lの重さは約何kgですか。答えは四捨五入して上から2けたのがい数で求めましょう。〔10点〕

式

答え

答え▶別冊解答 4ページ

1 テープが8.5mあります。これを1.2mずつに切ります。1.2mのテープは何本できますか。〔8点〕

式　$8.5 \div 1.2 = \boxed{7}$ あまり $\boxed{0.1}$

答え　[　　] 本

2 牛にゅうが16.5Lあります。これを1.8Lずつびんに入れていきます。1.8L入りのびんは何本できますか。〔8点〕

式　$16.5 \div 1.8 =$

答え　　　　　　　本

3 ぶどうが55kgあります。これを4.5kgずつ箱に入れていきます。ぶどうが4.5kg入った箱は何箱できますか。〔8点〕

式

答え

4 しょう油が5Lあります。これを0.3Lずつびんに入れます。0.3L入りのびんは何本できますか。〔8点〕

式

答え

5 リボンが8.2mあります。これを0.6mずつに切ります。0.6mのリボンは何本できますか。〔8点〕

式

答え

6 コーヒー豆が2.7kgあります。これを0.4kgずつふくろに入れていきます。0.4kg入りのふくろは何ふくろできますか。〔8点〕

式

答え

7 大豆が14.3kgあります。これを1.5kgずつふくろに入れていきます。全部をふくろに入れるには，ふくろは何ふくろあればよいでしょうか。〔8点〕

式　14.3÷1.5=　9　あまり　0.8

9＋1＝□

答え □ ぷくろ

8 灯油が29.5Lあります。これを2.4Lずつかんに入れていきます。全部をかんに入れるには，かんは何かんあればよいでしょうか。〔8点〕

式　29.5÷2.4＝

答え　かん

9 ジュースが9Lあります。これを0.4Lずつびんに入れていきます。全部をびんに入れるには，びんは何本あればよいでしょうか。〔8点〕

式

答え

10 さとうが3.7kgあります。これを0.5kgずつふくろに入れていきます。全部をふくろに入れるには，ふくろは何ふくろあればよいでしょうか。〔8点〕

式

答え

11 すなが32.5kgあります。これを3.65kgずつふくろに入れていきます。全部をふくろに入れるには，ふくろは何ふくろあればよいでしょうか。〔10点〕

式

答え

12 しょう油が10.2Lあります。これを0.65Lずつびんに入れていきます。全部をびんに入れるには，びんは何本あればよいでしょうか。〔10点〕

式

答え

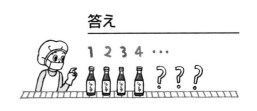

小数の かけ算とわり算⑭

1 赤いテープが12m，白いテープが3mあります。赤いテープの長さは，白いテープの長さの何倍ですか。〔8点〕

式　12÷3＝

答え　　　　　　倍

2 青いテープが4.5m，白いテープが3mあります。青いテープの長さは，白いテープの長さの何倍ですか。〔8点〕

式

答え

3 長方形の形をした花だんがあります。たての長さは6m，横の長さは2.4mです。たての長さは，横の長さの何倍ですか。〔8点〕

式

答え

4 長方形の形をした畑があります。たての長さは8.4m，横の長さは2.4mです。たての長さは，横の長さの何倍ですか。〔8点〕

式

答え

5 マラソン大会で，女子は2.8km，男子は3.5km走るそうです。女子の走る長さは，男子の走る長さの何倍ですか。〔8点〕

式

答え

6 米が大きいふくろに28.8kg，小さいふくろに6.4kg入っています。大きいふくろの米の重さは，小さいふくろの米の重さの何倍ありますか。〔8点〕

式

答え

7 黄色いテープが3mあります。黄色いテープの長さは，青いテープの長さの1.2倍だそうです。青いテープは何mありますか。〔8点〕

式　3÷1.2＝

答え　　　　　　　　m

8 横の長さが2mの長方形の形をした花だんがあります。横の長さは，たての長さの0.8倍だそうです。たての長さは何mですか。〔8点〕

式

答え

9 牛にゅうが7.2Lあります。牛にゅうの量は，ジュースの量の1.6倍だそうです。ジュースは何Lありますか。〔8点〕

式

答え

10 お父さんの体重は57.8kgで，これは，ゆうきさんの体重の1.7倍にあたるそうです。ゆうきさんの体重は何kgですか。〔8点〕

式

答え

11 東公園の面積は48.8m²あります。東公園の面積は，西公園の面積の0.8倍だそうです。西公園の面積は何m²ですか。〔10点〕

式

答え

12 赤いテープが3.72mあります。赤いテープの長さは，白いテープの長さの2.4倍だそうです。白いテープは何mありますか。〔10点〕

式

答え

小数の かけ算とわり算⑮

1 牛にゅうが5.2Lあります。これを4本のびんに同じ量ずつ分けて入れます。1本に何Lずつ入れればよいでしょうか。〔6点〕

式

答え＿＿＿＿＿＿＿＿＿＿＿

2 ジュースが7.5Lあります。これを15人で同じ量ずつ分けます。1人分は何Lになりますか。〔6点〕

式

答え＿＿＿＿＿＿＿＿＿＿＿

3 ロープが86.5mあります。これを6mずつに切ると，6mのロープは何本できて，何mあまりますか。〔8点〕

式

答え＿＿＿＿＿＿＿＿＿＿＿

4 12mのはり金があります。これを同じ長さになるように5本に切ります。1本の長さを何mにすればよいでしょうか。わり切れるまで計算して答えを求めましょう。〔8点〕

式

答え＿＿＿＿＿＿＿＿＿＿＿

5 塩が7.2kgあります。これを12のふくろに同じ重さずつ分けて入れます。1つのふくろに何kgずつ入れればよいでしょうか。わり切れるまで計算して答えを求めましょう。〔8点〕

式

答え＿＿＿＿＿＿＿＿＿＿＿

6 8mで6.7kgのホースがあります。このホース1mの重さは約何kgですか。答えは四捨五入して$\frac{1}{10}$の位まで求めましょう。〔8点〕

式

答え＿＿＿＿＿＿＿＿＿＿＿

7 さとうが6kgあります。これを0.4kgずつふくろに入れます。ふくろは何ふくろ用意すればよいでしょうか。〔8点〕

（式）

答え _____

8 リボンを1.4m買ったら，代金が350円でした。このリボン1mのねだんは何円ですか。〔8点〕

（式）

答え _____

9 牛にゅうが21.6Lあります。これを1.8Lずつびんに入れます。1.8L入りのびんは何本できますか。〔8点〕

（式）

答え _____

10 しょう油が7.5Lあります。これを0.6Lずつびんに入れます。0.6L入りのびんは何本できて，何Lあまりますか。〔8点〕

（式）

答え _____

11 長さが1.4mの鉄のぼうの重さをはかったら4.9kgありました。この鉄のぼう1mの重さは何kgですか。わり切れるまで計算して答えを求めましょう。〔8点〕

（式）

答え _____

12 3.6Lのガソリンで33km走る自動車があります。この自動車は，ガソリン1Lで約何km走りますか。答えは四捨五入して上から2けたのがい数で求めましょう。

〔8点〕

（式）

答え _____

13 長方形の形をした畑があります。たての長さは4.75m，横の長さは2.5mです。たての長さは，横の長さの何倍ですか。〔8点〕

（式）

答え _____

1 米が1ふくろに3.5kgずつ入っています。この米8ふくろ分の重さは何kgになりますか。〔6点〕

式

答え _____

2 テープが8.4mあります。これを全部同じ長さになるように6本に切ります。1本の長さを何mにすればよいでしょうか。〔6点〕

式

答え _____

3 さとうが1ふくろに1.6kgずつ入っています。24ふくろ分のさとうの重さは何kgになりますか。〔8点〕

式

答え _____

4 しょう油が14Lあります。これを0.5Lずつびんに入れていきます。全部をびんに入れるには, びんは何本あればよいでしょうか。〔8点〕

式

答え _____

5 鉄のぼう2.8mの重さをはかったら17.5kgありました。この鉄のぼう1mの重さは何kgですか。わり切れるまで計算して答えを求めましょう。〔8点〕

式

答え _____

6 田んぼ1m²から3.4kgの米がとれるとすると, 2.5m²の田んぼからは何kgの米がとれますか。〔8点〕

式

答え _____

7 ジュースが8.6Lあります。これを0.3Lずつびんに入れます。0.3L入りのびんは何本できて，何Lあまりますか。〔8点〕

（式）

答え _____ _____

8 ペンキ1Lで7.6m²のかべをぬることができます。このペンキ2.5Lでは，何m²のかべをぬることができますか。〔8点〕

（式）

答え _____

9 大豆が17.5kgあります。これを1.2kgずつふくろに入れていきます。全部をふくろに入れるには，ふくろは何ふくろあればよいでしょうか。〔8点〕

（式）

答え _____

10 油1.8Lの重さをはかったら1.6kgありました。この油1Lの重さは約何kgですか。答えは四捨五入して$\frac{1}{10}$の位まで求めましょう。〔8点〕

（式）

答え _____

11 1Lの重さが1.3kgのジュースがあります。このジュース0.9Lの重さは何kgですか。〔8点〕

（式）

答え _____

12 お兄さんの体重は46.8kgで，これは，かいとさんの体重の1.5倍だそうです。かいとさんの体重は何kgですか。〔8点〕

（式）

答え _____

13 赤い紙テープが4.38mあります。白い紙テープの長さは，赤い紙テープの長さの0.6倍だそうです。白い紙テープは何mありますか。〔8点〕

（式）

答え _____

ガンバル～！

答え▶ 別冊解答 5ページ

1 1かんの重さが0.3kgのかんづめ6こを，0.4kgの箱に入れました。全体の重さは何kgになりますか。1つの式に表し，答えを求めましょう。〔8点〕

式 $0.3 × 6 + 0.4 = \boxed{} + 0.4$

$= \boxed{}$

答え $\boxed{}$ kg

2 1この重さが1.5kgの荷物が4こと，2.7kgの荷物が1こあります。荷物の重さは全部で何kgになりますか。1つの式に表し，答えを求めましょう。〔8点〕

式 $1.5 × 4 + 2.7 =$

答え _____ kg

3 1本の重さが0.6kgのジュースのびん8本を，0.3kgの箱に入れました。全体の重さは何kgになりますか。1つの式に表し，答えを求めましょう。〔8点〕

式

答え _____

4 1ふくろの重さが1.2kgのさとうが8ふくろと，1.8kgのさとうが1ふくろあります。全部の重さは何kgになりますか。1つの式に表し，答えを求めましょう。

〔8点〕

式

答え _____

5 0.2L入りの牛にゅうのパックが6こと，1.8L入りの牛にゅうのパックが1こあります。牛にゅうは全部で何Lありますか。1つの式に表し，答えを求めましょう。〔10点〕

式

答え _____

6 120円のハンカチを1まいと，1mが60円のリボンを1.4m買いました。代金は全部で何円になりますか。1つの式に表し，答えを求めましょう。〔8点〕

式　120＋60×1.4＝

たし算とかけ算のまじった式では，かけ算を先にします。

答え　　　　　　　　円

7 150円のぬのを1まいと，1mが80円のリボンを2.5m買いました。代金は全部で何円になりますか。1つの式に表し，答えを求めましょう。〔10点〕

式

答え　　　　　　　　

8 水が12L入っている水そうに，1分間に3Lずつ4.5分間水を入れると，水そうの水は全部で何Lになりますか。1つの式に表し，答えを求めましょう。〔10点〕

式

答え　　　　　　　　

9 草取りを15m²しました。これから，1時間に8m²ずつ1.5時間草取りをすると，全部で何m²の草取りをすることになりますか。1つの式に表し，答えを求めましょう。〔10点〕

式

答え　　　　　　　　

10 重さ4.5kgの鉄のぼうが1本と，1mの重さが1.6kgの鉄のぼうが2.5mあります。2本の鉄のぼうの重さは，あわせて何kgですか。1つの式に表し，答えを求めましょう。〔10点〕

式

答え　　　　　　　　

11 1.6kg入りのあずきが1ふくろと，1Lの重さが0.78kgのあずきが3.5L入ったふくろが1ふくろあります。2つのふくろのあずきの重さは，あわせて何kgですか。1つの式に表し，答えを求めましょう。〔10点〕

式

答え

1 　１ふくろに2.5kg入った米が3ふくろあります。そのうちの1.3kgを食べました。米は何kg残っていますか。１つの式に表し，答えを求めましょう。〔8点〕

式　$2.5 \times 3 - 1.3 = \boxed{} - 1.3$

$= \boxed{}$

答え $\boxed{}$ kg

たし算・ひき算とかけ算・わり算のまじった式では，かけ算・わり算を先にします。

2 　牛にゅうが1.8L入ったびんが4本あります。そのうちの2.4Lを飲みました。牛にゅうは何L残っていますか。１つの式に表し，答えを求めましょう。〔8点〕

式　$1.8 \times 4 - 2.4 =$

答え 　　　　　L

3 　１ふくろに3.2kg入ったあずきが4ふくろあります。そのうちの1.6kgを使いました。あずきは何kg残っていますか。１つの式に表し，答えを求めましょう。〔8点〕

式

答え

4 　しょう油が2.8L入ったびんが7本あります。そのうちの3.7Lを使いました。しょう油は何L残っていますか。１つの式に表し，答えを求めましょう。〔8点〕

式

答え

5 　ジュースが0.6L入ったびんが9本あります。そのうちの1.5Lを飲みました。ジュースは何L残っていますか。１つの式に表し，答えを求めましょう。〔10点〕

式

答え

6 100円出して，1mが60円のリボンを1.5m買いました。おつりは何円ですか。1つの式に表し，答えを求めましょう。〔8点〕

式　100−60×1.5＝

答え　　　　　　　　円

7 500円出して，1mが140円のぬのを2.5m買いました。おつりは何円ですか。1つの式に表し，答えを求めましょう。〔10点〕

式

答え

8 水そうに水が10L入っていました。この水そうから1分間に3Lずつ2.5分間水をぬきました。水そうの水は何L残っていますか。1つの式に表し，答えを求めましょう。〔10点〕

式

答え

9 3km走ろうと思います。1周0.8kmの池の周りを3周しました。あと何km走ればよいでしょうか。1つの式に表し，答えを求めましょう。〔10点〕

式

答え

10 さとうが2.4kgあります。また，1Lの重さが1.2kgの塩が1.5Lあります。さとうは，塩よりも何kg重いでしょうか。1つの式に表し，答えを求めましょう。〔10点〕

式

答え

11 大豆が5.8kgあります。また，1Lの重さが0.78kgのあずきが4.5Lあります。大豆は，あずきよりも何kg重いでしょうか。1つの式に表し，答えを求めましょう。〔10点〕

式

答え

19 小数の かけ算とわり算⑲

答え▶別冊解答 6ページ

1 あおいさんはリボンを1.8m持っています。きょう，リボンを2.6m買ってきて，それを妹と2人で同じ長さに分けました。あおいさんの持っているリボンは何mになりましたか。1つの式に表し，答えを求めましょう。〔10点〕

式 $1.8 + 2.6 \div 2 = 1.8 + \boxed{}$

$= \boxed{}$

答え $\boxed{}$ m

2 たくみさんはねん土を0.8kg持っています。きょう，ねん土を2.4kg買ってきて，それをたくみさんたち兄弟4人で同じ重さに分けました。たくみさんの持っているねん土は何kgになりましたか。1つの式に表し，答えを求めましょう。〔10点〕

式 $0.8 + 2.4 \div 4 =$

答え kg

3 はるとさんはテープを2.7m持っています。きょう，テープを4.5m買ってきて，それをはるとさんたち兄弟3人で同じ長さに分けました。はるとさんの持っているテープは何mになりましたか。1つの式に表し，答えを求めましょう。〔12点〕

式

答え

4 しおりさんの家から学校まで行くと中に駅を通ります。家から駅までの道のりは1.36km，駅から学校までは1.68kmあります。今，しおりさんは，駅と学校のちょうど半分のところにいます。しおりさんは家から何kmのところにいますか。1つの式に表し，答えを求めましょう。〔12点〕

式

答え

5 ひろとさんたちは，1.8Lのジュースを3人で同じ量ずつに分けました。ひろとさんは，そのうちの0.2Lを飲みました。ひろとさんのジュースは何L残っていますか。1つの式に表し，答えを求めましょう。〔10点〕

式 $1.8 \div 3 - 0.2 = \boxed{} - 0.2$

$ = \boxed{}$

答え $\boxed{}$ L

6 さくらさんたちは，12.8mのテープを4人で等分しました。さくらさんは，そのうちの1.5mを使いました。さくらさんのテープは何m残っていますか。1つの式に表し，答えを求めましょう。〔10点〕

式 $12.8 \div 4 - 1.5 =$

答え　　　　　　m

7 そうまさんたちは，3.6Lの牛にゅうを6人で同じ量ずつに分けました。そうまさんは，そのうちの0.4Lを飲みました。そうまさんの牛にゅうは何L残っていますか。1つの式に表し，答えを求めましょう。〔12点〕

式

答え

8 ひかりさんたちは，6.4kgのいちごを4人で等分しました。ひかりさんは，そのうちの0.7kgを食べました。ひかりさんのいちごは何kg残っていますか。1つの式に表し，答えを求めましょう。〔12点〕

式

答え

9 ひまりさんの家から学校まで行くと中に公園があります。家から学校までの道のりは2.51km，家から公園までは1.82kmです。今，ひまりさんは，家と公園のちょうど半分のところにいます。ひまりさんは学校まであと何kmのところにいますか。1つの式に表し，答えを求めましょう。〔12点〕

式

答え

答え▶ 別冊解答
6ページ

1 0.2kgの箱に，しいたけが0.5kg入っています。4箱分の重さは何kgになりますか。（　）を使って1つの式に表し，答えを求めましょう。〔10点〕

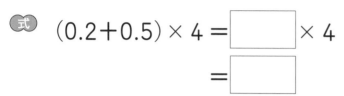

式　$(0.2+0.5) \times 4 = \boxed{} \times 4$

$= \boxed{}$

（　）の中を先に計算します。

答え $\boxed{}$ kg

2 0.3kgの箱に，ピーマンが0.9kg入っています。5箱分の重さは何kgになりますか。（　）を使って1つの式に表し，答えを求めましょう。〔10点〕

式　$(0.3+0.9) \times 5 =$

答え _____ kg

3 0.5kgの箱に，みかんが2.4kg入っています。8箱分の重さは何kgになりますか。（　）を使って1つの式に表し，答えを求めましょう。〔10点〕

式

答え _____

4 1この重さが0.8kgの荷物と1.5kgの荷物が，それぞれ3こずつあります。荷物全部の重さは何kgになりますか。（　）を使って1つの式に表し，答えを求めましょう。〔10点〕

式

答え _____

5 ジュースが0.58L入ったびんと1.8L入ったびんが，それぞれ12本ずつあります。ジュースは全部で何Lありますか。（　）を使って1つの式に表し，答えを求めましょう。〔10点〕

式

答え _____

6 1m80円のリボンを，かのんさんは1.5m，妹は0.7m買いました。2人が買ったリボンの代金は全部で何円ですか。（　）を使って1つの式に表し，答えを求めましょう。〔10点〕

(式) $80 \times (1.5 + 0.7) = 80 \times$ ☐

$=$ ☐

答え ☐ 円

7 1時間に6m²の草取りをします。きのう1.8時間，きょう2.5時間草取りをしました。きのうときょうで，あわせて何m²の草取りをしましたか。（　）を使って1つの式に表し，答えを求めましょう。〔10点〕

(式) $6 \times (1.8 + 2.5) =$

答え _____ m²

8 1mの重さが25gのはり金を，さとしさんは1.6m，弟は0.8m使いました。2人が使ったはり金の重さは全部で何gですか。（　）を使って1つの式に表し，答えを求めましょう。〔10点〕

(式)

答え _____

9 ペンキ1Lで5.6m²のかべをぬることができます。このペンキを，お父さんは2.5L，お兄さんは1L使うと，あわせて何m²のかべをぬることができますか。（　）を使って1つの式に表し，答えを求めましょう。〔10点〕

(式)

答え _____

10 1Lの重さが0.85kgの灯油が大きいびんに1.8L，小さいびんに0.7L入っています。灯油の重さはあわせて何kgですか。（　）を使って1つの式に表し，答えを求めましょう。〔10点〕

(式)

答え _____

小数の
かけ算とわり算㉑

1 0.4kgの箱にみかんが入っています。1箱全体の重さは3kgです。3箱分のみかんだけの重さは何kgですか。（　）を使って1つの式に表し，答えを求めましょう。

〔10点〕

式 $(3-0.4) \times 3 = \boxed{} \times 3$

$= \boxed{}$

答え $\boxed{}$ kg

2 0.2kgの箱にいちごが入っています。1箱全体の重さは2kgです。4箱分のいちごだけの重さは何kgですか。（　）を使って1つの式に表し，答えを求めましょう。

〔10点〕

式 $(2-0.2) \times 4 =$

答え ＿＿＿ kg

3 さとうが1.2kg入ったふくろと塩が0.6kg入ったふくろが，それぞれ6ふくろずつあります。さとう全部と塩全部の重さのちがいは何kgですか。（　）を使って1つの式に表し，答えを求めましょう。〔10点〕

式

答え ＿＿＿

4 1本の重さが1.8kgのパイプと3.3kgの鉄のぼうが，それぞれ8本ずつあります。パイプ全部と鉄のぼう全部の重さのちがいは何kgですか。（　）を使って1つの式に表し，答えを求めましょう。〔10点〕

式

答え ＿＿＿

5 ジュースが1.58L入ったびんと牛にゅうが0.8L入ったびんが，それぞれ16本ずつあります。ジュース全部と牛にゅう全部の量のちがいは何Lですか。（　）を使って1つの式に表し，答えを求めましょう。〔10点〕

式

答え ＿＿＿

6 1m70円のテープを，ゆうきさんは1.3m，妹は0.6m買いました。2人が買ったテープの代金のちがいは何円ですか。（ ）を使って1つの式に表し，答えを求めましょう。〔10点〕

式 $70 \times (1.3 - 0.6) = 70 \times \boxed{}$

$= \boxed{}$

答え $\boxed{}$ 円

7 1mの重さが35gのはり金を，さくらさんは2.8m，弟は1.2m使いました。2人が使ったはり金の重さのちがいは何gですか。（ ）を使って1つの式に表し，答えを求めましょう。〔10点〕

式 $35 \times (2.8 - 1.2) =$

答え g

8 1m85円のリボンを，かんなさんは1.2m，お姉さんは2.6m買いました。2人が買ったリボンの代金のちがいは何円ですか。（ ）を使って1つの式に表し，答えを求めましょう。〔10点〕

式

答え

9 ペンキ1Lで4.8m²のかべをぬることができます。このペンキを，お父さんは3.5L，えいとさんは2L使ってかべをぬりました。2人のぬった面積のちがいは何m²ですか。（ ）を使って1つの式に表し，答えを求めましょう。〔10点〕

式

答え

10 1Lの重さが1.25kgのジュースを，ひろきさんは0.6L，弟は0.2L飲みました。2人の飲んだジュースの重さのちがいは何kgですか。（ ）を使って1つの式に表し，答えを求めましょう。〔10点〕

式

答え

1 ジュースが大きいびんに1.2L，小さいびんに0.3L入っています。これをあわせて5人で同じ量ずつ分けると，1人分は何Lになりますか。（ ）を使って1つの式に表し，答えを求めましょう。〔10点〕

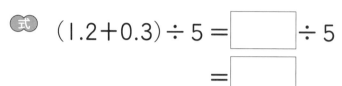

式　$(1.2+0.3) \div 5 = $ ⬜ $\div 5$

　　　　　　　　　　　 $= $ ⬜

ジュースの合計を
人数でわります。

答え ⬜ L

2 牛にゅうが0.6Lあります。1.8L買いたして6人で同じ量ずつ分けると，1人分は何Lになりますか。（ ）を使って1つの式に表し，答えを求めましょう。〔10点〕

式　$(0.6+1.8) \div 6 = $

答え　　　　　　　　L

3 くりが大きなふくろに2.4kg，小さなふくろに0.8kg入っています。これをあわせて8人で等分すると，1人分は何kgになりますか。（ ）を使って1つの式に表し，答えを求めましょう。〔10点〕

式

答え

4 みかんが大きな箱に4.5kg，小さな箱に2.7kg入っています。これをあわせて8人で等分すると1人分は何kgになりますか。（ ）を使って1つの式に表し，答えを求めましょう。〔10点〕

式

答え

5 灯油が大きなかんに24.1L，小さなかんに14.3L入っています。これをあわせて16本のびんに同じ量ずつ分けます。1本のびんに何Lずつ入れればよいでしょうか。（ ）を使って1つの式に表し，答えを求めましょう。〔10点〕

式

答え

6 さとうが大きなびんに2kg, 小さなびんに1kg入っています。これをあわせて0.6kgずつふくろに入れます。ふくろを何ふくろ用意すればよいでしょうか。( )を使って1つの式に表し, 答えを求めましょう。〔10点〕

式　$(2+1) \div 0.6 =$ 　　　　　$\div 0.6$

$=$

答え 　　　　　ふくろ

7 しょう油が大きなかんに6L, 小さなかんに3L入っています。これをあわせて1.5Lずつびんに入れます。びんを何本用意すればよいでしょうか。( )を使って1つの式に表し, 答えを求めましょう。〔10点〕

式　$(6+3) \div 1.5 =$

答え 　　　　　本

8 面積が14m²の畑と8.5m²の畑があります。1時間に4.5m²ずつ畑の草取りをすると, 2つの畑の草を取るのに何時間かかりますか。( )を使って1つの式に表し, 答えを求めましょう。〔10点〕

式

答え 　　　　　

9 灯油が大きなかんに26.86L, 小さなかんに18.14L入っています。これをあわせて1.8Lずつびんに入れます。びんを何本用意すればよいでしょうか。( )を使って1つの式に表し, 答えを求めましょう。〔10点〕

式

答え 　　　　　

10 1Lで3.5m²の面積をぬることができるペンキがあります。はるとさんとお父さんは, かべをそれぞれ22.78m²と22.72m²ぬりました。このとき使ったペンキは何Lですか。( )を使って1つの式に表し, 答えを求めましょう。〔10点〕

式

答え

1 牛にゅうが2Lありました。そのうち，お父さんが0.8L飲みました。残りを兄弟3人で同じ量ずつ分けました。1人分は何Lになりましたか。（ ）を使って1つの式に表し，答えを求めましょう。〔10点〕

式　$(2-0.8) \div 3 =$ ☐ $\div 3$

$=$ ☐

答え ☐ L

2 かべをぬっています。20m²のかべのうち5.6m²のかべをペンキでぬりました。残りのかべをぬるには，4Lのペンキがいるそうです。このペンキ1Lでは，何m²のかべをぬることができますか。（ ）を使って1つの式に表し，答えを求めましょう。〔10点〕

式　$(20-5.6) \div 4 =$

答え　　　　　　m²

3 11m²のゆかのうち，ワックスを使って3.8m²をみがきました。残りのゆかをみがくのに，このワックスが1.6dLいるそうです。このワックス1dLでは，何m²のゆかをみがくことができますか。（ ）を使って1つの式に表し，答えを求めましょう。〔12点〕

式

答え

4 かべをぬっています。10m²のかべのうち6.4m²のかべをペンキでぬりました。残りのかべをぬるには，0.6Lのペンキがいるそうです。このペンキ1Lでは，何m²のかべをぬることができますか。（ ）を使って1つの式に表し，答えを求めましょう。〔12点〕

式

答え

5 　Ⅰmの重さが同じ鉄のぼうが2本あります。Ⅰ本は2.5m，もうⅠ本はⅠ.3mあり，重さのちがいは6kgでした。この鉄のぼうⅠmの重さは何kgですか。（　）を使ってⅠつの式に表し，答えを求めましょう。〔10点〕

式　　$6 \div (2.5 - 1.3) = 6 \div$ ☐

　　　　　　　　　　　　　$=$ ☐　　　　　　答え ☐ kg

6 　Ⅰmが同じねだんのテープを，そうまさんは3.2m，弟はⅠ.4m買ったら，2人の代金のちがいは108円でした。このテープⅠmのねだんは何円ですか。（　）を使ってⅠつの式に表し，答えを求めましょう。〔10点〕

式　　$108 \div (3.2 - 1.4) =$

　　　　　　　　　　　　　　　　　　答え 　　　　　　円

7 　はり金が6.5mあります。このうちの2.8mを使いました。残りのはり金の重さをはかったら44.4gありました。このはり金Ⅰmの重さは何gですか。（　）を使ってⅠつの式に表し，答えを求めましょう。〔12点〕

式

　　　　　　　　　　　　　　　　　　答え

8 　あずき4.7LのうちⅠ.2Lを使いました。残りのあずきの重さをはかったら2.8kgありました。このあずきⅠLの重さは何kgですか。（　）を使ってⅠつの式に表し，答えを求めましょう。〔12点〕

式

　　　　　　　　　　　　　　　　　　答え

9 　Ⅰmが同じねだんのリボンを，しおりさんはⅠ.4m，妹は0.9m買ったら，2人の代金のちがいは40円でした。このリボンⅠmのねだんは何円ですか。（　）を使ってⅠつの式に表し，答えを求めましょう。〔12点〕

式

　　　　　　　　　　　　　　　　　　答え

小数の
かけ算とわり算㉔

1 1この重さが1.6kgの荷物が4こと，6.2kgの荷物が1こあります。荷物の重さは全部で何kgになりますか。1つの式に表し，答えを求めましょう。〔10点〕

式

答え _____

2 油が1.6L入ったびんが5本あります。そのうちの2.3Lを使いました。油は何L残っていますか。1つの式に表し，答えを求めましょう。〔10点〕

式

答え _____

3 あさひさんたちは，長さ13.8mのテープを6人で等分しました。あさひさんはそのうちの0.5mを使いました。あさひさんのテープは何m残っていますか。1つの式に表し，答えを求めましょう。〔10点〕

式

答え _____

4 ゆうなさんはリボンを3.2m持っています。きょう，リボンを5.7m買ってきて，それを友だちと3人で同じ長さずつに分けました。ゆうなさんの持っているリボンは何mになりましたか。1つの式に表し，答えを求めましょう。〔10点〕

式

答え _____

5 重さ3.2kgの鉄のぼうが1本と，1mの重さが1.5kgの鉄のぼうが2.6mあります。2本の鉄のぼうの重さは，あわせて何kgですか。1つの式に表し，答えを求めましょう。〔10点〕

式

答え _____

6 0.6kgの箱に，みかんが1.8kg入っています。4箱分の重さは何kgになりますか。（　）を使って1つの式に表し，答えを求めましょう。〔10点〕

（式）

答え＿＿＿＿＿＿＿＿＿

7 ジュースが5.2Lありました。きのう，そのうちの0.7Lを飲みました。きょう，残りを5人で同じ量ずつ分けて飲みました。きょう飲んだジュースの1人分の量は何Lになりますか。（　）を使って1つの式に表し，答えを求めましょう。〔10点〕

（式）

答え＿＿＿＿＿＿＿＿＿

8 牛にゅうが大きいびんに1.8L，小さいびんに1L入っています。これをあわせて4人で同じ量ずつ分けると，1人分は何Lになりますか。（　）を使って1つの式に表し，答えを求めましょう。〔10点〕

（式）

答え＿＿＿＿＿＿＿＿＿

9 1m80円のリボンを，ひかりさんは2.7m，妹は1.2m買いました。2人の買ったリボンの代金のちがいは何円ですか。（　）を使って1つの式に表し，答えを求めましょう。〔10点〕

（式）

答え＿＿＿＿＿＿＿＿＿

10 はり金が5.4mあります。そのうちの2.6mを使いました。残りのはり金の重さをはかったら42gありました。このはり金1mの重さは何gですか。（　）を使って1つの式に表し，答えを求めましょう。〔10点〕

（式）

答え＿＿＿＿＿＿＿＿＿

ひとやすみ

◆あわせて10
　□に1から5までの数を1つずつ入れて，4本の直線の上の数の和がそれぞれ10となるようにしましょう。

（答えは別冊の31ページ）

25 わり算と分数

得　点

点

別冊解答
8ページ
答え

●わり算の商は分数で
表すことができます。

〈例〉 $3 \div 5 = \dfrac{3}{5}$, $5 \div 4 = \dfrac{5}{4} = 1\dfrac{1}{4}$

1 テープが2mあります。これを3等分すると，1つ分は何mになりますか。分数で答えましょう。〔8点〕

式　$2 \div 3 =$

答え　　　　　　m

2 リボンが3mあります。これを4等分すると，1つ分は何mになりますか。分数で答えましょう。〔8点〕

式

答え

3 ロープが5mあります。これを3等分すると，1つ分は何mになりますか。分数で答えましょう。〔8点〕

式

答え

4 ジュースが4Lあります。これを3人で同じ量ずつ分けると，1人分は何Lになりますか。分数で答えましょう。〔8点〕

式

答え

5 さとうが5kgあります。これを8つのふくろに同じ重さずつ分けて入れると，1つのふくろのさとうの重さは何kgになりますか。分数で答えましょう。〔8点〕

式

答え

6 りんごが4こ，みかんが3こあります。りんごの数は，みかんの数の何倍ですか。分数で答えましょう。〔8点〕

式　4÷3＝

答え　　　　　　　　倍

7 なしが4こ，かきが5こあります。なしの数は，かきの数の何倍ですか。分数で答えましょう。〔8点〕

式

答え

8 赤いテープが5m，白いテープが3mあります。赤いテープの長さは，白いテープの長さの何倍ですか。分数で答えましょう。〔8点〕

式

答え

9 黄色いリボンが2m，青いリボンが7mあります。黄色いリボンの長さは，青いリボンの長さの何倍ですか。分数で答えましょう。〔8点〕

式

答え

10 たてが7m，横が15mの長方形の形をした花だんがあります。たての長さは，横の長さの何倍ですか。分数で答えましょう。〔8点〕

式

答え

11 お父さんは11m²の草取りをしました。きよしさんは9m²の草取りをしました。お父さんが草取りをした面積は，きよしさんが草取りをした面積の何倍ですか。分数で答えましょう。〔10点〕

式

答え

12 ひろとさんの体重は32kgで，妹の体重は27kgです。ひろとさんの体重は，妹の体重の何倍ですか。分数で答えましょう。〔10点〕

式

答え

分数の
たし算とひき算①

1 油がかんに $\frac{2}{5}$ L 入っています。それに $\frac{1}{5}$ L の油を加えると油は全部で何L になりますか。〔8点〕

(式)

答え _____

2 畑の草取りをしました。きのうは $\frac{3}{8}$ m²，きょうは $\frac{2}{8}$ m² 取りました。全部で何m² の草取りをしましたか。〔8点〕

(式)

答え _____

3 米が $\frac{3}{7}$ kg あります。きょう，お母さんが $\frac{2}{7}$ kg 買ってきました。米は全部で何kg になりましたか。〔8点〕

(式)

答え _____

4 重さ $\frac{1}{9}$ kg のかごにりんご $\frac{7}{9}$ kg を入れました。全体では何kg になりますか。〔8点〕

(式)

答え _____

5 はり金を工作で $\frac{5}{6}$ m 使いました。まだ $\frac{2}{6}$ m 残っています。はり金ははじめに何mありましたか。〔8点〕

(式)

答え _____

6 牛にゅうが大きなびんに $\frac{7}{9}$ L，小さなびんに $\frac{4}{9}$ L 入っています。牛にゅうは全部で何L ありますか。〔8点〕

(式)

答え _____

7 ジュースが$\frac{3}{5}$Lあります。きょう，お母さんが$\frac{4}{5}$L買ってきました。ジュースは全部で何Lになりましたか。〔8点〕

式

答え ＿＿＿＿＿＿＿＿＿＿

8 工作でひもを$\frac{7}{9}$m使ったので残りが$\frac{6}{9}$mになりました。ひもははじめに何mありましたか。〔8点〕

式

答え ＿＿＿＿＿＿＿＿＿＿

9 こはるさんのクラスでは花だんの$\frac{8}{10}$m²にチューリップを，$\frac{9}{10}$m²にヒヤシンスを植えました。あわせて何m²に植えましたか。〔8点〕

式

答え ＿＿＿＿＿＿＿＿＿＿

10 朝，牛にゅうを$\frac{3}{5}$L飲みました。お昼には$\frac{2}{5}$L飲みました。牛にゅうを全部で何L飲みましたか。〔8点〕

式

答え ＿＿＿＿＿＿＿＿＿＿

11 お父さんがきのう畑を$1\frac{7}{12}$m²たがやしました。きょうは$\frac{10}{12}$m²たがやしました。お父さんが2日間でたがやした畑の面積は全部で何m²ですか。〔10点〕

式

答え ＿＿＿＿＿＿＿＿＿＿

12 水がやかんに$1\frac{3}{7}$L入っています。そこに水を$1\frac{6}{7}$L入れました。やかんの水は何Lになりましたか。〔10点〕

式

答え ＿＿＿＿＿＿＿＿＿＿

答え▶別冊解答
8・9ページ

1 リボンが $\frac{5}{7}$m ありました。きょう，そのうち $\frac{1}{7}$m を使いました。リボンは何m残っていますか。〔8点〕

(式)

答え _____

2 牛にゅうが $\frac{5}{6}$L ありました。きょう，そのうち $\frac{4}{6}$L を飲みました。牛にゅうは何L 残っていますか。〔8点〕

(式)

答え _____

3 米が $\frac{8}{9}$kg あります。きょう，そのうちの $\frac{4}{9}$kg を食べました。米は何kg残っていますか。〔8点〕

(式)

答え _____

4 白いリボンが $\frac{6}{7}$m，赤いリボンが $\frac{3}{7}$m あります。白いリボンと赤いリボンの長さのちがいは何mですか。〔8点〕

(式)

答え _____

5 ジュースが $\frac{3}{5}$L，牛にゅうが $\frac{2}{5}$L あります。ジュースは牛にゅうより何L 多くありますか。〔8点〕

(式)

答え _____

6 みかんが $\frac{8}{9}$kg，りんごが $\frac{6}{9}$kg あります。どちらが何kg多くありますか。〔8点〕

(式)

答え _____

7 あおいさんは1kmはなれた本屋に自転車で向かっています。これまでに$\frac{7}{10}$km走りました。あと何km走ると本屋に着きますか。〔8点〕

（式）

答え _____

8 テープが$\frac{7}{4}$mありました。きょう，そのうちの$\frac{3}{4}$mを使いました。テープは何m残っていますか。〔8点〕

（式）

答え _____

9 はり金が$1\frac{4}{5}$mあります。そのうち$\frac{1}{5}$mを使いました。はり金は何m残っていますか。〔8点〕

（式）

答え _____

10 りんごジュースが$2\frac{7}{9}$L，みかんジュースが$\frac{5}{9}$Lあります。りんごジュースとみかんジュースの量のちがいは何Lですか。〔8点〕

（式）

答え _____

11 みかんが$1\frac{5}{9}$kg，りんごが$\frac{7}{9}$kgあります。みかんはりんごより何kg多くありますか。〔10点〕

（式）

答え _____

12 しょうまさんの家から公園まで$2\frac{2}{7}$km，家から駅まで$\frac{5}{7}$kmあります。どちらが何km遠くにありますか。〔10点〕

（式）

答え _____

1 次の分数を通分しましょう。（共通の分母は，2つの分母の最小公倍数にしましょう。）〔1問3点〕

① $\left(\dfrac{1}{2}, \dfrac{1}{3}\right) \rightarrow \left(\dfrac{\square}{6}, \dfrac{\square}{6}\right)$　⑦ $\left(\dfrac{7}{12}, \dfrac{3}{4}\right) \rightarrow (\quad\quad)$

② $\left(\dfrac{1}{3}, \dfrac{2}{5}\right) \rightarrow (\quad\quad)$　⑧ $\left(\dfrac{1}{6}, \dfrac{7}{30}\right) \rightarrow (\quad\quad)$

③ $\left(\dfrac{1}{4}, \dfrac{2}{9}\right) \rightarrow (\quad\quad)$　⑨ $\left(\dfrac{1}{4}, \dfrac{1}{6}\right) \rightarrow (\quad\quad)$

④ $\left(\dfrac{3}{5}, \dfrac{1}{6}\right) \rightarrow (\quad\quad)$　⑩ $\left(\dfrac{1}{6}, \dfrac{2}{9}\right) \rightarrow (\quad\quad)$

⑤ $\left(\dfrac{2}{3}, \dfrac{4}{9}\right) \rightarrow (\quad\quad)$　⑪ $\left(\dfrac{3}{8}, \dfrac{5}{12}\right) \rightarrow (\quad\quad)$

⑥ $\left(\dfrac{7}{15}, \dfrac{3}{5}\right) \rightarrow (\quad\quad)$　⑫ $\left(\dfrac{5}{6}, \dfrac{7}{8}\right) \rightarrow (\quad\quad)$

2 ジュースが1つのびんに$\dfrac{1}{8}$L，もう1つのびんに$\dfrac{1}{4}$L入っています。ジュースは全部で何Lありますか。〔6点〕

式　$\dfrac{1}{8} + \dfrac{1}{4} = \dfrac{1}{8} + \dfrac{\square}{8} = \dfrac{\square}{8}$

答え 　　　L

3 赤いテープが$\dfrac{1}{6}$m，白いテープが$\dfrac{2}{3}$mあります。テープはあわせて何mありますか。〔6点〕

式　$\dfrac{1}{6} + \dfrac{2}{3} =$

答え 　　　m

4 いちごが1つの箱に$\frac{2}{3}$kg，もう1つの箱に$\frac{2}{9}$kg入っています。いちごは全部で何kgありますか。〔6点〕

式

答え _____

5 牛にゅうが1つのびんに$\frac{2}{5}$L，もう1つのびんに$\frac{3}{10}$L入っています。牛にゅうは全部で何Lありますか。〔6点〕

式

答え _____

6 あかりさんのクラスでは，学級園の$\frac{1}{3}$m²にチューリップを，$\frac{1}{4}$m²にヒヤシンスを植えました。あわせて何m²に植えましたか。〔8点〕

式

答え _____

7 $\frac{1}{4}$kgのふくろに，みかんを$\frac{3}{5}$kg入れました。全体の重さは何kgですか。〔8点〕

式

答え _____

8 青いリボンが$1\frac{1}{3}$m，黄色いリボンが$\frac{1}{5}$mあります。リボンはあわせて何mありますか。〔8点〕

式 $1\dfrac{1}{3} + \dfrac{1}{5} = 1\dfrac{5}{15} + \dfrac{3}{15} = 1\dfrac{\boxed{}}{15}$

答え $\boxed{}\dfrac{\boxed{}}{\boxed{}}$m

9 ジュースを$\frac{1}{6}$L飲みましたが，まだ$1\frac{3}{4}$L残っています。ジュースは，はじめに何Lありましたか。〔8点〕

式 $1\dfrac{3}{4} + \dfrac{1}{6} =$

答え _____

10 工作で，はり金を$1\frac{5}{8}$m使いましたが，まだ$2\frac{1}{6}$m残っています。はり金は，はじめに何mありましたか。〔8点〕

式

答え _____

29 分数の たし算とひき算④

答え➡ 別冊解答 9ページ

1 次の分数を約分して、できるだけかんたんな分数になおしましょう。〔1問3点〕

① $\dfrac{2}{4} = \dfrac{\boxed{}}{2}$

② $\dfrac{3}{6} =$

③ $\dfrac{2}{6} =$

④ $\dfrac{3}{9} =$

⑤ $\dfrac{2}{8} =$

⑥ $\dfrac{4}{12} =$

⑦ $\dfrac{4}{6} =$

⑧ $\dfrac{6}{9} =$

⑨ $\dfrac{8}{12} =$

⑩ $\dfrac{10}{15} =$

⑪ $\dfrac{12}{18} =$

⑫ $\dfrac{16}{24} =$

分母と分子の 最大公約数で わりましょう。

2 だいちさんは、ジュースをきのう$\dfrac{1}{2}$L、きょう$\dfrac{1}{6}$L飲みました。あわせて何L 飲みましたか。〔6点〕

式 $\dfrac{1}{2} + \dfrac{1}{6} = \dfrac{3}{6} + \dfrac{1}{6} = \dfrac{4}{6} = \dfrac{\boxed{}}{3}$

答えが約分できるときは、 約分して答えましょう。

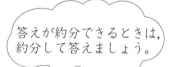

答え $\boxed{}$ L

3 $\dfrac{1}{5}$kgのふくろに、くりを$\dfrac{7}{15}$kg入れました。全体の重さは何kgですか。〔6点〕

式  $\dfrac{1}{5} + \dfrac{7}{15} =$

答え _____ kg

4 赤いテープが $\frac{1}{3}$m，白いテープが $\frac{1}{15}$m あります。テープはあわせて何m ありますか。〔6点〕

（式）

答え ＿＿＿＿＿＿＿＿

5 大豆が１つの箱に $\frac{2}{9}$kg，もう１つの箱に $\frac{5}{18}$kg 入っています。大豆は全部で何kg ありますか。〔6点〕

（式）

答え ＿＿＿＿＿＿＿＿

6 牛にゅうが１つのびんに $\frac{1}{4}$L，もう１つのびんに $\frac{5}{12}$L 入っています。牛にゅうは全部で何L ありますか。〔8点〕

（式）

答え ＿＿＿＿＿＿＿＿

7 ひかりさんの家から学校まで $\frac{2}{5}$km，学校から駅まで $\frac{7}{20}$km あります。 ひかりさんの家から学校を通って駅までは何km ありますか。〔8点〕

（式）

答え ＿＿＿＿＿＿＿＿

8 灯油がストーブに $\frac{1}{10}$L 入っています。そこへ灯油を $\frac{5}{6}$L 入れました。ストーブの灯油は全部で何L になりましたか。〔8点〕

（式）

答え ＿＿＿＿＿＿＿＿

9 米が１つの入れ物に $1\frac{1}{6}$kg，もう１つの入れ物に $\frac{11}{15}$kg 入っています。米は全部で何kg ありますか。〔8点〕

（式）

答え ＿＿＿＿＿＿＿＿

10 テープを $1\frac{5}{8}$m 使いましたが，まだ $1\frac{1}{24}$m 残っています。テープは，はじめに何m ありましたか。〔8点〕

（式）

答え ＿＿＿＿＿＿＿＿

1 あずきが1つの入れ物に$\frac{1}{2}$kg，もう1つの入れ物に$\frac{3}{5}$kg入っています。あずきは全部で何kgありますか。〔6点〕

式 $\frac{1}{2} + \frac{3}{5} = \frac{\boxed{}}{10} + \frac{\boxed{}}{10}$

$= \frac{\boxed{}}{10} = \boxed{}\frac{\boxed{}}{10}$

答え ___ $\frac{\boxed{}}{\boxed{}}$ kg

2 はるきさんのクラスでは，花だんの$\frac{2}{5}$m²にチューリップの球根を，$\frac{3}{4}$m²にクロッカスの球根を植えました。あわせて何m²に球根を植えましたか。〔6点〕

式 $\frac{2}{5} + \frac{3}{4} =$

答え ___ m²

3 油が1つのびんに$\frac{2}{3}$L，もう1つのびんに$\frac{3}{5}$L入っています。油は全部で何Lありますか。〔8点〕

式

答え ___

4 くりが1つの箱に$\frac{3}{10}$kg，もう1つの箱に$\frac{3}{4}$kg入っています。くりは全部で何kgありますか。〔8点〕

式

答え ___

5 工作で，はり金を$\frac{3}{8}$m使いましたが，まだ$\frac{5}{6}$m残っています。はり金は，はじめに何mありましたか。〔8点〕

式

答え ___

6 麦茶を$\frac{1}{6}$L飲みましたが，まだ$\frac{8}{9}$L残っています。麦茶は，はじめに何Lありましたか。〔8点〕

式

答え ___

7 あやとさんは，ジュースをきのう$\frac{4}{5}$L，きょう$\frac{7}{10}$L飲みました。あわせて何L飲みましたか。〔8点〕

(式)

答え _____

8 白いテープが$\frac{1}{2}$m，青いテープが$\frac{5}{6}$mあります。テープはあわせて何mありますか。〔8点〕

(式)

答え _____

9 さとうが2つの入れ物に入っています。1つの入れ物には$\frac{7}{18}$kg，もう1つの入れ物には$\frac{7}{9}$kg入っています。さとうは全部で何kgありますか。〔8点〕

(式)

答え _____

10 ひまりさんは，花だんの$\frac{3}{10}$m²にヒヤシンスを，$\frac{5}{6}$m²にチューリップを植えました。あわせて何m²に植えましたか。〔8点〕

(式)

答え _____

11 水がやかんに$\frac{7}{12}$L入っています。そこへ水を$\frac{3}{4}$L入れました。やかんの水は何Lになりましたか。〔8点〕

(式)

答え _____

12 麦茶が$\frac{5}{8}$Lあります。きょう，お母さんが麦茶を$1\frac{11}{24}$Lつくってくれました。麦茶は全部で何Lになりましたか。〔8点〕

(式)

答え _____

13 工作で，ねん土を$1\frac{4}{15}$kg使いました。ねん土は，まだ$1\frac{5}{6}$kg残っています。ねん土は，はじめに何kgありましたか。〔8点〕

(式)

答え _____

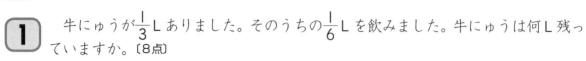

31 分数の たし算とひき算⑥

1 牛にゅうが $\frac{1}{3}$ L ありました。そのうちの $\frac{1}{6}$ L を飲みました。牛にゅうは何 L 残っていますか。〔8点〕

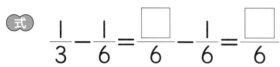

式 $\dfrac{1}{3} - \dfrac{1}{6} = \dfrac{\boxed{}}{6} - \dfrac{1}{6} = \dfrac{\boxed{}}{6}$

答え 〔　〕 L

2 赤いテープが $\frac{3}{10}$ m，白いテープが $\frac{1}{5}$ m あります。赤いテープは，白いテープより何m長いでしょうか。〔8点〕

式 $\dfrac{3}{10} - \dfrac{1}{5} =$

答え 　　　　　　　　　 m

3 さとうが $\frac{3}{4}$ kg ありました。料理でそのうちの $\frac{1}{3}$ kg を使いました。さとうは何kg残っていますか。〔8点〕

式

答え

4 はり金が $\frac{4}{5}$ m ありました。工作でそのうちの $\frac{3}{4}$ m を使いました。はり金は何m残っていますか。〔8点〕

式

答え

5 消毒薬が $\frac{5}{12}$ dL ありました。きょう，そのうちの $\frac{3}{8}$ dL を使いました。消毒薬は何dL残っていますか。〔8点〕

式

答え

6 ぶどうが $\frac{2}{9}$ kg の箱に入っています。全体の重さをはかったら，$\frac{5}{6}$ kg ありました。ぶどうだけの重さは何kg ですか。〔8点〕

式

答え

7 油が $\frac{2}{3}$ L ありました。料理でそのうちの $\frac{1}{6}$ L を使いました。油は何 L 残っていますか。〔8点〕

式 $\dfrac{2}{3} - \dfrac{1}{6} = \dfrac{\Box}{6} - \dfrac{1}{6}$

$= \dfrac{\Box}{6} = \dfrac{\Box}{2}$

答え 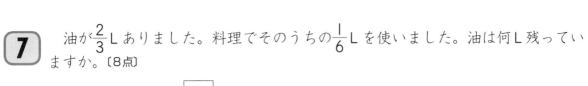 L

8 はり金が $\frac{7}{10}$ m ありました。工作でそのうちの $\frac{1}{5}$ m を使いました。はり金は何 m 残っていますか。〔8点〕

式 $\dfrac{7}{10} - \dfrac{1}{5} =$

答え _____ m

9 青いリボンが $\frac{7}{12}$ m，黄色いリボンが $\frac{1}{4}$ m あります。青いリボンと黄色いリボンの長さのちがいは何 m ですか。〔8点〕

式

答え _____

10 みそが $\frac{4}{9}$ kg ありました。お母さんは，そのうちの $\frac{5}{18}$ kg を使いました。みそは何 kg 残っていますか。〔8点〕

式

答え _____

11 ジュースが $\frac{7}{12}$ L ありました。そのうちの $\frac{1}{3}$ L を飲みました。ジュースは何 L 残っていますか。〔10点〕

式

答え _____

12 しいたけが $\frac{5}{6}$ kg とれました。そのうちの $\frac{3}{10}$ kg をとなりの家にあげました。しいたけは何 kg 残っていますか。〔10点〕

式

答え _____

1 さとうが $\frac{5}{4}$ kg あります。そのうちの $\frac{1}{3}$ kg を使うと、さとうは何kg残りますか。
〔8点〕

式 $\frac{5}{4} - \frac{1}{3} =$

答え 　　　　　 kg

2 青いテープが $\frac{4}{3}$ m、黄色いテープが $\frac{1}{2}$ m あります。青いテープと黄色いテープの長さのちがいは何mですか。〔8点〕

式

答え

3 牛にゅうが $\frac{3}{2}$ L ありました。そのうちの $\frac{4}{7}$ L を飲みました。牛にゅうは何L残っていますか。〔8点〕

式

答え

4 大豆が $1\frac{1}{6}$ kg、あずきが $\frac{3}{4}$ kg あります。大豆とあずきの重さのちがいは何kgですか。〔8点〕

式 $1\frac{1}{6} - \frac{3}{4} = 1\frac{2}{12} - \frac{9}{12}$

$= \frac{14}{12} - \frac{9}{12} =$

答え 　　　　　 kg

5 しょう油が $1\frac{1}{4}$ L ありました。お母さんは、料理にそのうちの $\frac{3}{10}$ L を使いました。しょう油は何L残っていますか。〔8点〕

式

答え

6 ももかさんの家から東へ $1\frac{1}{9}$ km行ったところに駅があり、西へ $\frac{5}{6}$ km行ったところに本屋があります。ももかさんの家から、駅と本屋とでは、どちらが何km遠くにありますか。〔8点〕

式

答え

7 ジュースが$1\frac{1}{6}$Lあります。そのうちの$\frac{1}{2}$Lを飲むと，何L残りますか。〔8点〕

（式）

答え _____

8 米が$\frac{5}{12}$kgの重さのかんに入っています。全体の重さをはかると$1\frac{1}{4}$kgでした。米だけの重さは何kgですか。〔8点〕

（式）

答え _____

9 紙テープが$1\frac{5}{6}$mありました。としえさんは，そのうちの$\frac{9}{10}$mを使いました。紙テープは何m残っていますか。〔8点〕

（式）

答え _____

10 さとうが$\frac{2}{3}$kg，塩が$1\frac{1}{6}$kgあります。さとうと塩の重さのちがいは何kgですか。〔8点〕

（式）

答え _____

11 牛にゅうが$2\frac{1}{12}$Lありました。お母さんは，そのうちの$\frac{3}{4}$Lを料理で使いました。牛にゅうは何L残っていますか。〔10点〕

（式）

答え _____

12 くりが$2\frac{3}{10}$kgとれました。そのうちの$1\frac{4}{5}$kgを，となりの家にあげました。くりは何kg残っていますか。〔10点〕

（式）

答え _____

33 分数の たし算とひき算⑧

答え▶ 別冊解答 11ページ

1 ジュースが１つのびんに $\frac{1}{3}$ L，もう１つのびんに $\frac{1}{2}$ L 入っています。ジュースはあわせて何 L ありますか。〔6点〕

（式）

答え

2 牛にゅうが $\frac{2}{3}$ L，ジュースが $\frac{1}{2}$ L あります。牛にゅうとジュースの量のちがいは何 L ですか。〔6点〕

（式）

答え

3 赤いテープが $\frac{2}{3}$ m，白いテープが $\frac{5}{12}$ m あります。テープはあわせて何 m ありますか。〔8点〕

（式）

答え

4 はり金が $\frac{9}{10}$ m ありました。工作でそのうちの $\frac{2}{5}$ m を使いました。はり金は何 m 残っていますか。〔8点〕

（式）

答え

5 さとうを $\frac{3}{4}$ kg 使いましたが，まだ $\frac{7}{10}$ kg 残っています。さとうは，はじめに何 kg ありましたか。〔8点〕

（式）

答え

6 かいとさんは，花だんの $\frac{2}{3}$ m² にヒヤシンスの球根を，$\frac{3}{5}$ m² にチューリップの球根を植えました。ヒヤシンスの球根とチューリップの球根を植えた面積のちがいは何 m² ですか。〔8点〕

（式）

答え

7 $\frac{1}{6}$kgのふくろに，みかんを$\frac{3}{10}$kg入れました。全体の重さは何kgになりましたか。

〔8点〕

式

答え _____

8 テープを，お父さんは$\frac{3}{5}$m，お母さんは$\frac{4}{15}$m使いました。2人が使ったテープの長さのちがいは何mですか。〔8点〕

式

答え _____

9 米が1つの入れ物に$1\frac{3}{4}$kg，もう1つの入れ物に$1\frac{4}{5}$kg入っています。米は全部で何kgありますか。〔8点〕

式

答え _____

10 りんごが$\frac{14}{15}$kg，みかんが$1\frac{1}{6}$kgあります。りんごとみかんでは，どちらが何kg多くありますか。〔8点〕

式

答え _____

11 しょう油が$1\frac{1}{5}$Lありました。お母さんは，料理でそのうちの$\frac{2}{3}$Lを使いました。しょう油は何L残っていますか。〔8点〕

式

答え _____

12 えいたさんの家から駅までは$1\frac{3}{8}$kmあります。駅から学校までは$\frac{5}{12}$kmあります。えいたさんの家から駅を通って学校までは何kmありますか。〔8点〕

式

答え _____

13 いつきさんの家から北へ$2\frac{2}{9}$km行ったところに駅があり，南へ$1\frac{5}{6}$km行ったところに学校があります。駅と学校では，いつきさんの家からどちらが何km遠くにありますか。〔8点〕

式

答え _____

34 分数の たし算とひき算⑨

答え → 別冊解答 12ページ

1 牛にゅうを，あんなさんは$\frac{1}{2}$L，弟は$\frac{1}{4}$L，妹は$\frac{1}{8}$L飲みました。3人で飲んだ牛にゅうはあわせて何Lですか。〔6点〕

式 $\frac{1}{2} + \frac{1}{4} + \frac{1}{8} = \frac{\square}{8} + \frac{\square}{8} + \frac{1}{8} = \frac{\square}{8}$

答え $\dfrac{\square}{\square}$ L

2 あずきが3つの入れ物に，それぞれ$\frac{1}{3}$kg，$\frac{1}{15}$kg，$\frac{1}{5}$kgあります。あずきは全部で何kgありますか。〔6点〕

式 $\frac{1}{3} + \frac{1}{15} + \frac{1}{5} =$

答え　　　　　kg

3 赤いテープが$\frac{5}{12}$m，青いテープが$\frac{1}{4}$m，白いテープが$\frac{1}{3}$mあります。テープはあわせて何mありますか。〔9点〕

式

答え

4 油が3つのびんに，それぞれ$\frac{3}{10}$L，$\frac{1}{5}$L，$\frac{2}{15}$L入っています。油は全部で何Lありますか。〔9点〕

式

答え

5 米が3つの入れ物に，それぞれ$\frac{1}{4}$kg，$\frac{1}{3}$kg，$\frac{1}{6}$kg入っています。米は全部で何kgありますか。〔9点〕

式

答え

6 くりが3つの入れ物に，それぞれ$\frac{1}{2}$kg，$\frac{2}{5}$kg，$\frac{3}{10}$kg入っています。くりは全部で何kgありますか。〔9点〕

式

答え

7 ジュースが1つのびんに $\frac{1}{2}$ L，もう1つのびんに $\frac{1}{8}$ L 入っていました。このジュースを1つのびんに入れてから，$\frac{1}{4}$ L 飲みました。ジュースは何L残っていますか。〔6点〕

式　$\frac{1}{2} + \frac{1}{8} - \frac{1}{4} = \frac{\square}{8} + \frac{1}{8} - \frac{\square}{8} = \frac{\square}{8}$

答え　$\dfrac{\square}{\square}$ L

8 いちごを，お母さんは $\frac{1}{3}$ kg，そうまさんは $\frac{1}{6}$ kg つみました。このいちごを1つの皿に入れてから，$\frac{5}{12}$ kg 食べました。いちごは何kg残っていますか。〔6点〕

式　$\frac{1}{3} + \frac{1}{6} - \frac{5}{12} =$

答え　　　　　kg

9 牛にゅうがびんに $\frac{1}{3}$ L，紙パックに $\frac{1}{4}$ L ありました。この牛にゅうを1つのびんに入れてから，$\frac{1}{2}$ L 飲みました。牛にゅうは何L残っていますか。〔10点〕

式

答え

10 大きな花だんの面積は $\frac{2}{3}$ m²，小さな花だんの面積は $\frac{1}{5}$ m²です。その2つの花だんのうちの $\frac{7}{15}$ m²に花の種をまきました。種をまいていない花だんの面積は何m²ですか。〔10点〕

式

答え

11 塩が $\frac{2}{9}$ kg ありました。きょう $\frac{11}{18}$ kg 買ってきてあわせてから，そのうちの $\frac{1}{3}$ kg を使いました。塩は何kg残っていますか。〔10点〕

式

答え

12 米が $\frac{1}{6}$ kg ありました。きょう $\frac{4}{5}$ kg 買ってきてあわせてから，そのうちの $\frac{2}{3}$ kg を使いました。米は何kg残っていますか。〔10点〕

式

答え

1 ジュースが$\frac{1}{3}$Lありましたが，きのう，そのうちの$\frac{1}{12}$Lを飲みました。きょう，お母さんがジュースを$\frac{1}{6}$L買ってきました。ジュースは何Lになりましたか。〔8点〕

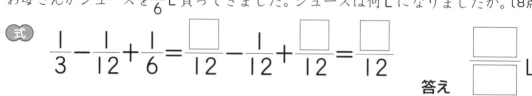

式 $\dfrac{1}{3}-\dfrac{1}{12}+\dfrac{1}{6}=\dfrac{\square}{12}-\dfrac{1}{12}+\dfrac{\square}{12}=\dfrac{\square}{12}$

答え $\dfrac{\square}{\square}$ L

2 さとうが$\frac{3}{5}$kgありましたが，料理でそのうちの$\frac{4}{15}$kgを使いました。そのあと，お母さんがさとうを$\frac{1}{3}$kg買ってきました。さとうは何kgになりましたか。〔8点〕

式 $\dfrac{3}{5}-\dfrac{4}{15}+\dfrac{1}{3}=$

答え _____ kg

3 きのう，いちごを$\frac{3}{4}$kgつみましたが，そのうちの$\frac{3}{8}$kgを食べました。きょう，いちごを$\frac{1}{2}$kgつみました。いちごは何kgになりましたか。〔8点〕

式

答え _____

4 牛にゅうが$\frac{5}{6}$Lありましたが，きのう，そのうちの$\frac{2}{3}$Lを飲みました。きょう，お母さんが牛にゅうを$\frac{4}{9}$L買ってきました。牛にゅうは何Lになりましたか。〔8点〕

式

答え _____

5 油が$\frac{3}{10}$Lありましたが，料理でそのうちの$\frac{1}{6}$Lを使いました。きょう，油を$\frac{2}{5}$L買ってきました。油は何Lになりましたか。〔8点〕

式

答え _____

6 塩が$\frac{5}{8}$kgありましたが，料理でそのうちの$\frac{1}{4}$kgを使いました。きょう，塩を$\frac{5}{6}$kg買ってきました。塩は何kgになりましたか。〔8点〕

式

答え _____

7 ジュースをはるきさんは$\frac{1}{3}$L，弟は$\frac{2}{15}$L，妹は$\frac{1}{5}$L飲みました。3人で飲んだジュースは，あわせて何Lですか。〔8点〕

式

答え _____

8 大豆が大きな入れ物に$\frac{5}{6}$kg，小さな入れ物に$\frac{1}{3}$kg入っていました。この大豆を1つの入れ物に入れてから，$\frac{1}{2}$kgを使いました。大豆は何kg残っていますか。〔8点〕

式

答え _____

9 あずきが$\frac{3}{4}$kgありました。そのうちの$\frac{3}{8}$kgを使いましたが，お母さんが$\frac{7}{16}$kg買ってきました。あずきは何kgになりましたか。〔8点〕

式

答え _____

10 しょう油が$\frac{3}{4}$Lありました。きょう，$\frac{1}{2}$L買ってきましたが，料理で$\frac{5}{6}$L使いました。しょう油は何L残っていますか。〔8点〕

式

答え _____

11 ねん土をひろとさんは$\frac{1}{4}$kg，ゆうきさんは$\frac{1}{5}$kg，かのんさんは$\frac{1}{10}$kg使いました。3人が使ったねん土はあわせて何kgですか。〔10点〕

式

答え _____

12 牛にゅうが$\frac{7}{8}$Lありましたが，きのう，そのうちの$\frac{2}{3}$Lを飲みました。きょう，お母さんが牛にゅうを$\frac{7}{12}$L買ってきました。牛にゅうは何Lになりましたか。〔10点〕

式

答え _____

36

分数の たし算とひき算⑪

1 牛にゅうが $\frac{3}{4}$ L ありました。きのう $\frac{1}{8}$ L，きょう $\frac{1}{2}$ L 飲みました。牛にゅうは何 L 残っていますか。〔1問10点〕

① 飲んだ量を順にひいて求めましょう。

式　$\frac{3}{4} - \frac{1}{8} - \frac{1}{2} = \frac{\boxed{}}{8} - \frac{1}{8} - \frac{\boxed{}}{8}$

$= \dfrac{\boxed{}}{8}$

答え $\dfrac{\boxed{}}{\boxed{}}$ L

② 飲んだ量をまとめて，（ ）を使って1つの式に表して求めましょう。

式　$\frac{3}{4} - \left(\frac{1}{8} + \frac{1}{2} \right) = \frac{3}{4} - \left(\frac{1}{8} + \frac{\boxed{}}{8} \right)$

$= \dfrac{\boxed{}}{8} - \dfrac{5}{8}$

$= \dfrac{\boxed{}}{8}$

（ ）を使った式では，（ ）の中を先に計算します。

答え $\dfrac{\boxed{}}{\boxed{}}$ L

2 テープが $1\frac{1}{15}$ m ありました。きのう $\frac{1}{3}$ m，きょう $\frac{1}{5}$ m 使いました。テープは何 m 残っていますか。〔1問15点〕

① 使った長さを順にひいて求めましょう。

式

答え _____

② 使った長さをまとめて，（ ）を使って1つの式に表して求めましょう。

式

答え _____

3 赤いテープが$\frac{5}{8}$mあります。白いテープは$\frac{1}{2}$mありましたが，$\frac{1}{4}$mを使いました。赤いテープと白いテープの残りの長さのちがいは何mですか。〔1問10点〕

① 白いテープの残りの長さを求めてから，赤いテープの長さとのちがいを求めましょう。

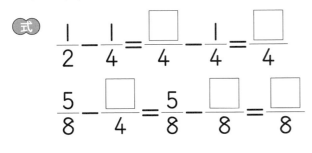

（式）

$$\frac{1}{2}-\frac{1}{4}=\frac{\boxed{}}{4}-\frac{1}{4}=\frac{\boxed{}}{4}$$

$$\frac{5}{8}-\frac{\boxed{}}{4}=\frac{5}{8}-\frac{\boxed{}}{8}=\frac{\boxed{}}{8}$$

答え $\dfrac{\boxed{}}{\boxed{}}$ m

② 白いテープの残りの長さを（　）を使ってまとめ，1つの式に表して求めましょう。

（式）

$$\frac{5}{8}-\left(\frac{1}{2}-\frac{1}{4}\right)=\frac{5}{8}-\left(\frac{\boxed{}}{4}-\frac{1}{4}\right)$$

$$=\frac{5}{8}-\frac{\boxed{}}{4}$$

$$=\frac{5}{8}-\frac{\boxed{}}{8}=\frac{\boxed{}}{8}$$

答え $\dfrac{\boxed{}}{\boxed{}}$ m

4 塩が$\frac{5}{8}$kgあります。さとうは$\frac{1}{8}$kgありましたが，$\frac{1}{24}$kgを使いました。塩と残りのさとうの重さのちがいは何kgですか。〔1問15点〕

① 残りのさとうの重さを求めてから，塩の重さとのちがいを求めましょう。

（式）

答え _____

② 残りのさとうの重さを（　）を使ってまとめ，1つの式に表して求めましょう。

（式）

答え _____

37

□を使って
とく問題

1 そうたさんは、お母さんから色紙を8まいもらったので、全部で24まいになりました。そうたさんは、はじめに色紙を何まい持っていましたか。はじめに持っていた色紙の数を□まいとして式に表し、答えを求めましょう。〔10点〕

式

答え _____

2 みつきさんは、妹におはじきを7こあげたので、残りが16こになりました。みつきさんは、はじめにおはじきを何こ持っていましたか。はじめに持っていたおはじきの数を□ことして式に表し、答えを求めましょう。〔10点〕

式

答え _____

3 はるきさんは、お父さんから150円もらったので、持っているお金が500円になりました。はるきさんは、はじめに何円持っていましたか。はじめに持っていたお金を□円として式に表し、答えを求めましょう。〔10点〕

式

答え _____

4 同じねだんのりんごを8こ買って960円はらいました。りんご1このねだんは何円ですか。りんご1このねだんを□円として式に表し、答えを求めましょう。

〔10点〕

式

答え _____

5 くりが何こかあります。15のふくろに同じ数ずつ入れたら、1ふくろは12こになりました。はじめにくりは全部で何こありましたか。くり全部の数を□こととして式に表し、答えを求めましょう。〔10点〕

式

答え _____

6 はり金が何mかありました。工作で1.9m使ったので, 残りが0.6mになりました。はり金は, はじめに何mありましたか。はじめにあったはり金の長さを□mとして式に表し, 答えを求めましょう。〔10点〕

（式）

答え _____

7 ジュースが何Lかあります。きょう, ジュースを1.5L買ってきたので, 全部でジュースが3.2Lになりました。はじめにジュースは何Lありましたか。はじめのジュースの量を□Lとして式に表し, 答えを求めましょう。〔10点〕

（式）

答え _____

8 しょう油が5本のびんに同じ量ずつ入っています。しょう油は全部で3.5Lだそうです。1本のびんにしょう油は何L入っていますか。1本のびんのしょう油の量を□Lとして式に表し, 答えを求めましょう。〔10点〕

（式）

答え _____

9 さとうを8つのふくろに同じ量ずつ分けたら, 1ふくろの重さは0.6kgになりました。はじめにさとうは全部で何kgありましたか。さとう全部の重さを□kgとして式に表し, 答えを求めましょう。〔10点〕

（式）

答え _____

10 鉄のぼう2.4mの重さをはかったら8.4kgありました。この鉄のぼう1mの重さは何kgですか。鉄のぼう1mの重さを□kgとして式に表し, 答えを求めましょう。

〔10点〕

（式）

答え _____

ガンバレ！

得　点

点

答え▶ 別冊解答 13 ページ

1 右の表は，かいとさんが9月から12月に読んだ本の数です。1か月に平均何さつの本を読みましたか。〔8点〕

かいとさんが読んだ本の数

9月	10月	11月	12月
5さつ	2さつ	3さつ	6さつ

式　$(5＋2＋3＋6)÷4$

$=$ ☐

答え ☐ さつ

平均＝合計÷こ数です。

2 右の表は，5年1組で，先週に図書室から借りた本の数を調べたものです。1日平均何さつ借りたことになりますか。〔8点〕

先週に借りた本の数（5年1組）

月	火	水	木	金
2さつ	6さつ	4さつ	5さつ	8さつ

式　$(2＋6＋4＋5＋8)÷5＝$

答え　　　　　　　さつ

3 たまご5この重さをはかったら，次のようになりました。たまご1この重さは平均何gですか。〔8点〕

57g　　63g　　62g　　61g　　62g

式

答え

4 ひろとさんのグループは5人で，それぞれの人の身長は，136cm，139cm，142cm，135cm，133cmです。このグループの身長は平均何cmですか。〔8点〕

式

答え

5 ももかさんは，5回算数のテストを受けました。その点数は，75点が2回，80点が2回，94点が1回でした。ももかさんの5回のテストの平均は何点ですか。〔8点〕

式

答え

6 右の表は，5年1組の先週の欠席者数を表したものです。先週は1日平均何人が欠席したことになりますか。〔10点〕

式

先週の欠席者数（5年1組）

月	火	水	木	金
2人	3人	0人	1人	2人

答え＿＿＿＿＿＿＿＿＿＿

7 右の表は，5年2組で，先週に図書室から借りた本の数を調べたものです。1日平均何さつ借りたことになりますか。〔10点〕

式

先週に借りた本の数（5年2組）

月	火	水	木	金
4さつ	0さつ	7さつ	9さつ	12さつ

答え＿＿＿＿＿＿＿＿＿＿

8 さくらさんの体重は32.5kg，かんなさんの体重は29.7kg，ひろとさんの体重は33.2kgです。3人の体重の平均は何kgですか。〔10点〕

式

答え＿＿＿＿＿＿＿＿＿＿

9 みかん4この重さをはかったら，次のようになりました。みかん1この重さは平均何gですか。〔10点〕

85.2g 79.6g 94.5g 88.3g

式

答え＿＿＿＿＿＿＿＿＿＿

10 ゆうきさんの家で，5日間に飲んだ牛にゅうの量は次のようでした。ゆうきさんの家では，この5日間に，1日平均何mLの牛にゅうを飲みましたか。〔10点〕

900mL 700mL 500mL 800mL 450mL

式

答え＿＿＿＿＿＿＿＿＿＿

11 グレープフルーツ5この重さをはかったら，530g，550g，500g，525g，535gでした。グレープフルーツ1この重さは平均何gですか。〔10点〕

式

答え＿＿＿＿＿＿＿＿＿＿

答え 別冊解答 14 ページ

1 ひかりさんのグループは4人で，それぞれの人の身長は，132cm，138cm，135cm，140cmです。このグループの身長の平均は約何cmですか。答えは四捨五入して整数で求めましょう。〔8点〕

式　（132＋138＋135＋140）÷4
　＝

$\frac{1}{10}$の位を四捨五入します。

答え 約　　　　cm

2 下の表は，はるとさんの家で先週食べたたまごの数を表したものです。先週，1日に食べたたまごの数の平均は約何こですか。答えは四捨五入して$\frac{1}{10}$の位まで求めましょう。〔8点〕

はるとさんの家で食べたたまごの数

月	火	水	木	金	土	日
3こ	4こ	2こ	0こ	4こ	5こ	2こ

式

答え

3 右の表は，あかりさんたちが学校のろう下の長さをはかった結果を表したものです。ろう下の長さは約何mといえますか。答えは四捨五入して$\frac{1}{10}$の位まで求めましょう。〔8点〕

式

学校のろう下をはかった長さ

1ぱん	2はん	3ぱん	4はん
63.4m	62.8m	63.1m	62.4m

答え

4 しょうまさんのグループは6人で，それぞれの人の体重は，35.2kg，31.6kg，37.4kg，34.8kg，32.7kg，36.3kgです。6人の体重の平均は約何kgですか。答えは四捨五入して$\frac{1}{10}$の位まで求めましょう。〔8点〕

式

答え

5 りくさんのグループの4人が，9月に読んだ本の数は，それぞれ3さつ，2さつ，1さつ，2さつでした。このグループの人たちが読んだ本は，1人平均何さつですか。〔8点〕

式

答え _____

6 はなさんのグループの4人が，9月に読んだ本の数を調べたら，1人平均3さつでした。はなさんのグループの人たちが9月に読んだ本は，全部で何さつですか。

〔10点〕

式 3×4＝

答え _____

7 かいとさんは，物語の本を1日平均36ページ読み，5日間で読み終わりました。この物語の本は全部で何ページありますか。〔10点〕

式

答え _____

8 たまご6この重さを調べたら，1こ平均64gでした。たまご6この重さは全部で何gですか。〔10点〕

式

答え _____

9 メロンが4こあります。このメロン1この平均の重さは980gだそうです。メロン4この重さは全部で何kg何gですか。〔10点〕

式

答え _____

10 ひろとさんたちは4人で魚つりに行きました。つった魚は，1人平均3.5ひきだったそうです。4人でつった魚は全部で何びきですか。〔10点〕

式

答え _____

11 5年1組の10月の欠席者は，1日平均0.8人でした。10月に登校しなければならなかった日は20日間でした。10月の欠席者の人数の合計は何人ですか。〔10点〕

式

答え _____

40 単位量あたりの 大きさの問題①

得 点

点

答え▶ 別冊解答 14ページ

1 6mで150円の赤いテープと，5mで130円の白いテープがあります。〔1問4点〕
① 赤いテープの1mあたりのねだんは何円ですか。

式 $150 \div 6 =$ ☐

答え ☐ 円

② 白いテープの1mあたりのねだんは何円ですか。

式 $130 \div 5 =$

答え 円

③ 赤いテープと白いテープでは，どちらが安いでしょうか。1mあたりのねだんでくらべましょう。

答え _____

2 A社のノートは5さつで600円，B社のノートは4さつで520円です。どちらのノートのほうが安いでしょうか。1さつあたりのねだんでくらべましょう。〔8点〕

式 （A社のノート） $600 \div 5 =$
（B社のノート） $520 \div 4 =$

答え _____

3 4mで140円の青いリボンと，3mで96円の赤いリボンがあります。どちらのリボンのほうが安いでしょうか。1mあたりのねだんでくらべましょう。〔8点〕

式

答え _____

4 野菜ジュースは2Lで700円，オレンジジュースは5Lで1500円です。どちらのジュースのほうが安いでしょうか。1Lあたりのねだんでくらべましょう。〔8点〕

式

答え _____

5 A社のえん筆は4本で380円，B社のえん筆は6本で510円です。どちらのえん筆のほうが安いでしょうか。1本あたりのねだんでくらべましょう。〔8点〕

式

答え _____

6 赤色のペンキは３Ｌで９m²のかべをぬることができます。青色のペンキは８Ｌで28m²のかべをぬることができます。どちらのペンキのほうが１Ｌあたりで広い面積をぬることができるでしょうか。〔8点〕

（式）

答え ＿＿＿＿＿＿＿＿

7 ガソリン５Ｌで62km走る自動車Ａと，ガソリン８Ｌで96km走る自動車Ｂでは，ガソリン１Ｌあたりでどちらが長い道のりを走りますか。〔8点〕

（式）

答え ＿＿＿＿＿＿＿＿

8 じゃがいもを売っています。Ａの店では1.5kgで300円，Ｂの店では1.6kgで400円です。１kgあたりのねだんはどちらの店のほうが高いでしょうか。〔10点〕

（式）

答え ＿＿＿＿＿＿＿＿

9 みかんを売っています。Ａの店では2.5kgで700円，Ｂの店では3.5kgで900円です。１kgあたりのねだんはどちらの店のほうが高いでしょうか。〔10点〕

（式）

答え ＿＿＿＿＿＿＿＿

10 ガソリン25Ｌで225km走る自動車Ａと，30Ｌで285km走る自動車Ｂでは，ガソリン１Ｌあたりでどちらが長い道のりを走りますか。〔10点〕

（式）

答え ＿＿＿＿＿＿＿＿

11 そうたさんの家の畑では，50m²で65kgのじゃがいもがとれました。しおりさんの家の畑では，40m²で56kgのじゃがいもがとれました。どちらの家の畑のほうが１m²あたりたくさんのじゃがいもがとれましたか。〔10点〕

（式）

答え ＿＿＿＿＿＿＿＿

単位量あたりの大きさの問題②

1 広さが6m²の西口公園のすな場では9人の子どもが遊んでいます。広さが10m²の東口公園のすな場では14人の子どもが遊んでいます。どちらのすな場のほうがこんでいますか。1m²あたりの子どもの人数でくらべましょう。〔10点〕

式 （西口公園） $9 \div 6 = \boxed{}$

（東口公園） $14 \div 10 = \boxed{}$

答え $\boxed{}$ 公園

2 広さが50m²の北口広場では12人の子どもが遊んでいます。広さが60m²の南口広場では15人の子どもが遊んでいます。どちらの広場のほうがこんでいますか。1m²あたりの人数でくらべましょう。〔10点〕

式 （北口広場） $12 \div 50 =$

（南口広場）

答え _____

3 面積が500m²の中山公園では40人の子どもが遊んでいます。面積が300m²の本町公園では30人の子どもが遊んでいます。どちらの公園のほうがこんでいますか。1m²あたりの人数でくらべましょう。〔10点〕

式

答え _____

4 緑小学校の体育館の広さは600m²で、児童数は820人です。南小学校の体育館の広さは580m²で、児童数は782人です。全校児童が体育館に入ったとき、どちらの学校の体育館のほうがこんでいますか。1m²あたりの人数でくらべましょう。

〔10点〕

式

答え _____

5 面積が300m²のＡプールでは45人の子どもが遊んでいます。面積が250m²のＢプールでは40人の子どもが遊んでいます。どちらのプールのほうがこんでいますか。1m²あたりの人数でくらべましょう。〔10点〕

式

答え _____

6 北山町の面積は20km²で，人口は2900人です。南川町の面積は30km²で，人口は4500人です。人口密度は，どちらの町のほうが高いといえますか。〔10点〕

式　（北山町）　$2900 \div 20 =$

（南川町）　$4500 \div 30 =$

> 1km²あたりの人口を人口密度といいます。

答え _____

7 東町の面積は13km²で，人口は9815人です。西町の面積は15km²で，人口は11100人です。人口密度は，どちらの町のほうが高いといえますか。〔10点〕

式

答え _____

8 北町の面積は45km²で，人口は7920人です。南町の面積は42km²で，人口は7434人です。人口密度は，どちらの町のほうが高いといえますか。〔10点〕

式

答え _____

9 東山市の面積は62km²で，人口は86800人です。西川市の面積は25km²で，人口は52500人です。人口密度は，どちらの市のほうが高いといえますか。〔10点〕

式

答え _____

10 Ａ県の面積は2267km²で，人口は1314776人です。Ｂ県の面積は7779km²で，人口は3762583人です。人口密度は，どちらの県のほうが高いといえますか。〔10点〕

式

答え _____

1 　１mあたりの重さが50gのはり金があります。このはり金6mの重さは何gですか。〔8点〕

式　$50 × 6 =$ □

答え □ g

2 　１Lのガソリンで12km走る自動車があります。この自動車は，8Lのガソリンで何km走ることができますか。〔8点〕

式　$12 × 8 =$

答え 　　　km

3 　学校の花だんに，１m²あたり0.5kgのひりょうをまきます。8.4m²の花だんでは，何kgのひりょうを使いますか。〔8点〕

式

答え

4 　１Lで3.5m²のかべをぬれるペンキがあります。このペンキ５Lでは，何m²のかべをぬれますか。〔8点〕

式

答え

5 　126円で３m買えるリボンがあります。このリボン20mの代金はいくらですか。〔8点〕

式　$126 ÷ 3 =$ 42 ， 42 $× 20 =$ □

答え □ 円

6 　６Lのガソリンで78km走る自動車があります。この自動車は，16Lのガソリンで何km走ることができますか。〔10点〕

式

答え

7 １ｍあたりの重さが40ｇのはり金があります。このはり金を何ｍか切り取って、その重さをはかったら280ｇありました。切り取った長さは何ｍですか。切り取った長さを□ｍとして式に表し、答えを求めましょう。〔10点〕

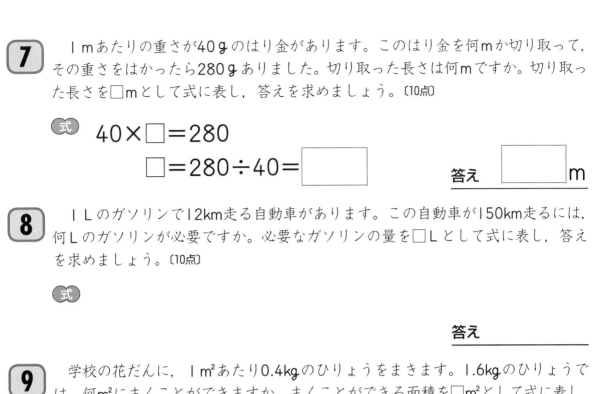

式 　40×□＝280
　　　□＝280÷40＝ ☐

答え ☐ ｍ

8 １Ｌのガソリンで12km走る自動車があります。この自動車が150km走るには、何Ｌのガソリンが必要ですか。必要なガソリンの量を□Ｌとして式に表し、答えを求めましょう。〔10点〕

式

答え _____

9 学校の花だんに、１m²あたり0.4kgのひりょうをまきます。1.6kgのひりょうでは、何m²にまくことができますか。まくことができる面積を□m²として式に表し、答えを求めましょう。〔10点〕

式

答え _____

10 120円で４ｍ買えるリボンがあります。このリボンを何ｍか買ったら、代金は210円でした。リボンを何ｍ買いましたか。買ったリボンの長さを□ｍとして式に表し、答えを求めましょう。〔10点〕

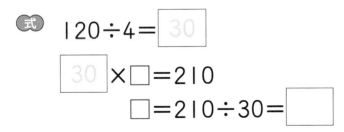

式 　120÷4＝ 30
　　 30 ×□＝210
　　　　□＝210÷30＝ ☐

答え ☐ ｍ

11 2400円で３ｍ買えるぬのがあります。このぬのを何ｍか買ったら、代金は3600円でした。ぬのを何ｍ買いましたか。買ったぬのの長さを□ｍとして式に表し、答えを求めましょう。〔10点〕

式

答え _____

43 速さの問題①

答え▶ 別冊解答 15ページ

1 えいたさんの乗った自動車は，2時間で60kmを走りました。えいたさんの乗った自動車は，1時間に何km走りましたか。〔8点〕

式 $60 \div 2 =$ 〔　　　　〕

1時間あたりに進む道のりで表した速さを，時速といいます。

答え 〔　　　　〕km

2 あいりさんの乗った自動車は，2時間で80kmを走りました。あいりさんの乗った自動車は，時速何kmで走ったことになりますか。〔8点〕

式 $80 \div 2 =$

答え 時速 〔　　　　〕km

3 みつきさんの乗った自動車は，3時間で150kmを走りました。みつきさんの乗った自動車は，時速何kmで走ったことになりますか。〔8点〕

式

答え _____

4 かいとさんの乗った電車は，2時間で150kmを走りました。 かいとさんの乗った電車は，時速何kmで走ったことになりますか。〔8点〕

式

答え _____

5 あさひさんのお父さんは，自動車で200kmの高速道路を2.5時間で走りました。この自動車は，時速何kmで走りましたか。〔8点〕

式

答え _____

6 こはるさんの乗った電車は，3.5時間で315kmを走りました。こはるさんの乗った電車は，時速何kmで走りましたか。〔8点〕

式

答え _____

7 だいちさんは，自転車で5分間に750m進みました。だいちさんの乗った自転車は，分速何mで走りましたか。〔8点〕

1分間あたりに進む道のりで表した速さを，分速といいます。

式　750÷5＝

答え　分速　　　　　m

8 つむぎさんは，自転車で6分間に780m進みました。つむぎさんの乗った自転車は，分速何mで走りましたか。〔8点〕

式

答え

9 はるとさんは，池のまわり1300mを，歩いて1周するのに20分かかりました。はるとさんは，分速何mで歩きましたか。〔8点〕

式

答え

10 たくみさんは，自転車で4kmの道のりを25分で走りました。たくみさんの自転車は，分速何kmで走りましたか。〔8点〕

式

答え

11 かんなさんの乗った急行列車は，40分間に50km走りました。この急行列車は，分速何kmで走りましたか。〔10点〕

式

答え

12 ゆうきさんは，湖のまわり3kmを，歩いて1周するのに45分かかりました。ゆうきさんは，分速約何mで歩きましたか。答えは四捨五入して整数で求めましょう。〔10点〕

式

答え

44 速さの問題②

答え▶別冊解答 15ページ

1 ひかりさんの家でかっている馬は，90mを6秒で走りました。この馬は，秒速何mで走ったことになりますか。〔8点〕

（式） $90 \div 6 =$

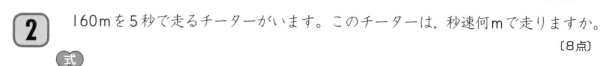

1秒間あたりに進む道のりで表した速さを，秒速といいます。

答え　秒速　　　　　m

2 160mを5秒で走るチーターがいます。このチーターは，秒速何mで走りますか。〔8点〕

（式）

答え

3 あさひさんの家でかっている馬は，144mを8秒で走りました。この馬は，秒速何mで走りましたか。〔8点〕

（式）

答え

4 5秒間に120m飛ぶことができるつばめがいるそうです。このつばめは，秒速何mで飛ぶことができますか。〔8点〕

（式）

答え

5 あいりさんは，プールで25mを20秒で泳ぎました。あいりさんは，秒速何mで泳いだことになりますか。〔8点〕

（式）

答え

6 たくみさんは，50mを9秒で走りました。たくみさんは，秒速約何mで走ったことになりますか。答えは四捨五入して整数で求めましょう。〔8点〕

（式）

答え

7 そうまさんは，家から6kmはなれた公園まで歩いて1往復するのに3時間かかりました。そうまさんは，時速何kmで歩いたことになりますか。〔8点〕

式　6 × 2 ＝

答え　時速　　　　　km

8 さくらさんは，1周72mの池のまわりを自転車で走りました。10周するのにちょうど4分かかりました。さくらさんは，分速何mで走りましたか。〔8点〕

式

答え

9 ひろとさんは，1周250mの池のまわりを自転車で走りました。5周するのにちょうど6分かかりました。ひろとさんは，分速約何mで走りましたか。答えは四捨五入して整数で求めましょう。〔8点〕

式

答え

10 しおりさんは，25mのプールをクロールで1往復するのに42秒かかりました。しおりさんは，秒速約何mで泳いだことになりますか。答えは四捨五入して$\frac{1}{10}$の位まで求めましょう。〔8点〕

式

答え

11 かいとさんは，18kmはなれているおばさんの家まで自転車で行きました。かかった時間は，1時間30分だそうです。かいとさんは，分速何mで走りましたか。〔10点〕

式

答え

12 ももかさんは，12.6kmはなれたおじさんの家まで自転車で行きました。かかった時間は，1時間10分だそうです。ももかさんは，分速何mで走りましたか。〔10点〕

式

答え

得 点

点

答え▶ 別冊解答15ページ

1 あやとさんの自転車は, 秒速5mで走っています。あやとさんの自転車の分速は何mですか。〔8点〕

〔式〕 $5 \times 60 =$ ☐

1分は60秒ですね。秒速を分速になおすときは, 60をかけます。

答え 分速 ☐ m

2 いちかさんの自転車は, 秒速3mで走っています。いちかさんの自転車の分速は何mですか。〔8点〕

〔式〕 $3 \times 60 =$

答え 分速 m

3 はるとさんの家でかっている馬は, 秒速15mで走ることができます。この馬の分速は何mですか。〔8点〕

〔式〕

答え

4 音は, 空気中を秒速約340mで伝わります。音の速さを分速で表すと, 分速約何mになりますか。〔8点〕

〔式〕

答え

5 新幹線は, 分速4kmで走ることができます。新幹線の速さを時速で表すと, 時速何kmですか。〔8点〕

〔式〕 $4 \times 60 =$

1時間は60分ですね。

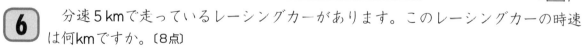

答え 時速 km

6 分速5kmで走っているレーシングカーがあります。このレーシングカーの時速は何kmですか。〔8点〕

〔式〕

答え

7 はるきさんの自転車は，秒速5mで走っています。〔1問4点〕

① 1時間は何秒ですか。

式 $60 \times 60 =$ ☐   答え ☐ 秒

② はるきさんの自転車は，時速何mですか。

式 $5 \times 3600 =$ 答え 時速　　　　m

③ はるきさんの自転車は，時速何kmですか。

答え 時速　　　km

8 かんなさんの家でかっている馬は，秒速15mで走ることができます。この馬の時速は何kmですか。〔8点〕

式 $15 \times 3600 = 54000$
　　$54000m =$ 答え 時速　　　km

9 チーターが秒速35mで走っています。このチーターの時速は何kmですか。〔8点〕

式   答え

10 秒速80mで走っているレーシングカーがあります。このレーシングカーの時速は何kmですか。〔8点〕

式   答え

11 新幹線が秒速60mで走っています。新幹線の速さを時速で表すと，時速何kmですか。〔8点〕

式   答え

12 秒速400mで飛ぶことのできるジェット機があります。このジェット機の時速は何kmですか。〔8点〕

式   答え

46 速さの問題④

答え▶ 別冊解答 16 ページ

1 時速120kmで走っている列車があります。この列車の分速は何kmですか。〔6点〕

式 $120 \div 60 =$ □

時速を分速になおす
ときには，60でわります。

答え 分速 □ km

2 時速72kmで走っている自動車があります。この自動車の分速は何kmですか。
〔6点〕

式 $72 \div 60 =$

答え 分速 km

3 時速270kmで走っているレーシングカーがあります。このレーシングカーの分速は何kmですか。〔8点〕

式

答え

4 時速1680kmで飛ぶことのできるジェット機があります。このジェット機の分速は何kmですか。〔8点〕

式

答え

5 ゆうきさんの自転車は，時速12kmで走っています。ゆうきさんの自転車の分速は何mですか。〔8点〕

式 時速12km＝時速 m

答え

6 時速75kmで走っている自動車があります。この自動車の分速は何mですか。
〔8点〕

式

答え

7 ひかりさんの自転車は，分速240mで走っています。ひかりさんの自転車の秒速は何mですか。〔8点〕

式　240÷60＝

答え　秒速　　　　m

8 あさひさんの家でかっている馬は，分速780mで走ることができます。この馬の秒速は何mですか。〔8点〕

式

答え

9 分速1500mで飛んでいるつばめがいます。このつばめの秒速は何mですか。〔8点〕

式

答え

10 分速4.5kmで走っているレーシングカーの秒速は何mですか。〔8点〕

式　分速4.5km＝分速　　　　　m

答え

11 時速1800kmで飛ぶことのできるジェット機があります。このジェット機の秒速は何mですか。〔8点〕

式　時速1800km＝時速1800000m
1800000÷3600＝

答え

12 時速252kmで走っているレーシングカーの秒速は何mですか。〔8点〕

式

答え

13 時速234kmで走っている新幹線の秒速は何mですか。〔8点〕

式

答え

47 速さの問題⑤

答え➡別冊解答
16ページ

1 あいりさんのお父さんが運転する自動車は，時速40kmで走っています。この自動車は，3時間走ると何km進みますか。〔6点〕

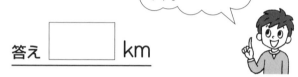

道のり＝速さ×時間
です。

式 $40 \times 3 =$ ◻

答え ◻ km

2 電車が時速75kmで走っています。この電車は，2時間では何km進みますか。〔8点〕

式 $75 \times 2 =$

答え ___ km

3 ゆうまさんのお父さんが運転する自動車は，時速35kmで走っています。この自動車は，4時間走ると何km進みますか。〔8点〕

式

答え ___

4 あんなさんは，自転車で家から駅まで，分速150mで走って6分かかりました。家から駅までの道のりは何mですか。〔8点〕

式

答え ___

5 ひなたさんは，分速55mで歩いています。ひなたさんは，30分歩くと何m進むことができますか。〔8点〕

式

答え ___

6 花火大会で，いちかさんは，花火を見てから2秒後に音を聞きました。いちかさんは，花火を打ち上げたところから何mはなれたところで見ていましたか。音が空気中を進む速さを秒速340mとして求めましょう。〔8点〕

式

答え ___

7 秒速12mで走っている馬がいます。この馬は，1分10秒では何m進みますか。

〔6点〕

式　1分10秒＝ 70 秒

12× ☐ ＝ ☐　　　　　答え ☐ m

8 秒速8kmのロケットがあります。このロケットは，1分30秒では何km進みますか。〔8点〕

式　　　　　　　　　　　　　　　答え _____

9 秒速0.3kmで飛んでいる飛行機があります。この飛行機は，3分20秒では何km進みますか。〔8点〕

式　　　　　　　　　　　　　　　答え _____

10 たくみさんは，分速50mで歩いています。たくみさんは，1時間10分歩くと何km進むことができますか。〔8点〕

式　　　　　　　　　　　　　　　答え _____

11 しおりさんは，自転車で家からおじさんの家まで，分速150mで1時間20分かかりました。家からおじさんの家まで何kmありますか。〔8点〕

式　　　　　　　　　　　　　　　答え _____

12 さくらさんの乗ったバスは，分速0.5kmで走っています。このバスは，1時間30分では何km進むことができますか。〔8点〕

式　　　　　　　　　　　　　　　答え _____

13 はるとさんの乗った電車は，分速1.2kmで走っています。この電車は，1時間10分では何km進むことができますか。〔8点〕

式　　　　　　　　　　　　　　　答え _____

速さの問題⑥

1 時速120kmで走っている列車があります。この列車は，10分間に何km進むことができますか。〔10点〕

式 時速120km＝分速 2 km

2×10＝

答え ____ km

2 時速90kmで走っている電車があります。この電車は，20分間に何km進むことができますか。〔10点〕

式

答え _____

3 お父さんは，高速道路を自動車で時速72kmで走っています。お父さんは，この速さで40分走ると何km進みますか。〔10点〕

式

答え _____

4 お兄さんは，オートバイでおばさんの家に行きました。時速30kmで走ったら，家を出て20分でおばさんの家に着きました。お兄さんの家からおばさんの家までは何kmありますか。〔10点〕

式

答え _____

5 かんなさんは，時速12kmで自転車をこいでいます。かんなさんは，25分間に何km進むことができますか。〔10点〕

式

答え _____

6 ひろとさんは，分速180mで走っています。ひろとさんは，20秒間走ると何m進むことができますか。〔10点〕

式　分速180m＝秒速 $\boxed{3}$ m

$3 \times 20 =$

答え _____

7 ゆうなさんは，分速300mで自転車をこいでいます。ゆうなさんは，50秒間に何m進むことができますか。〔10点〕

式

答え _____

8 そうたさんは，分速54mで歩いています。そうたさんは，40秒間歩くと何m進むことができますか。〔10点〕

式

答え _____

9 分速1.5kmで走っている電車があります。この電車は，20秒間に何m進むことができますか。〔10点〕

式

答え _____

10 あいりさんの乗ったバスは，時速36kmで走っています。このバスは，35秒間に何m進むことができますか。〔10点〕

式

答え _____

49 速さの問題⑦

答え▶ 別冊解答
17 ページ

1 　さとみさんたちは，遠足で12kmの道のりを歩きます。時速3kmで歩くと，何時間かかりますか。〔8点〕

式

答え _____

2 　時速40kmで走っている自動車があります。この自動車が120km走るには，何時間かかりますか。〔8点〕

式

答え _____

3 　だいちさんたちは，ハイキングで10kmの道のりを歩きます。時速2.5kmで歩くと，何時間かかりますか。〔8点〕

式

答え _____

4 　かのんさんの家から駅まで900mあります。分速60mで歩くと，家から駅まで何分で行くことができますか。〔8点〕

式

答え _____

5 　ゆうとさんの家から海岸まで2.4kmあります。分速200mで自転車をこぐと，家から海岸まで何分で行くことができますか。〔8点〕

式

答え _____

6 　えいたさんは，家から1.2kmはなれた川へつりに行きます。分速50mで歩くと，家から川まで何分かかりますか。〔8点〕

式

答え _____

7 秒速12mで走ることのできる馬がいます。この馬が360mの道のりを走ると，何秒かかりますか。〔8点〕

式

答え _____

8 秒速80mで走ることのできるレーシングカーがあります。このレーシングカーが720mの道のりを走ると，何秒かかりますか。〔8点〕

式

答え _____

9 秒速20mで走っている電車があります。この電車が1.6kmの道のりを進むには，何分何秒かかりますか。〔8点〕

式

答え _____

10 富士見駅と中山駅は56kmはなれています。この間を電車が分速800mで走るとすると，富士見駅から中山駅まで何時間何分かかりますか。〔8点〕

式

答え _____

11 みつきさんは，1周が1.2kmある池のまわりを自転車で走りました。自転車の速さは秒速4mでした。みつきさんは，池のまわりを1周するのに何分かかりましたか。〔10点〕

式

答え _____

12 分速24kmで飛ぶジェット機があります。このジェット機が5760kmを進むには，何時間かかりますか。〔10点〕

式

答え _____

50 速さの問題⑧

1 さくらさんの乗った自動車は，3時間で120kmを走りました。さくらさんの乗った自動車は，時速何kmで走りましたか。〔6点〕

式

答え _____

2 ひろとさんの乗った電車は，1.5時間で120kmを走りました。ひろとさんの乗った電車は，時速何kmで走りましたか。〔6点〕

式

答え _____

3 つむぎさんは，自転車で4分間に600m進みました。つむぎさんの乗った自転車は，分速何mで走りましたか。〔8点〕

式

答え _____

4 たくみさんは，1周900mの池のまわりを，歩いて1周するのに15分かかりました。たくみさんは，分速何mで歩きましたか。〔8点〕

式

答え _____

5 あおいさんの家でかっている馬は，180mを15秒で走りました。この馬は，秒速何mで走ったことになりますか。〔8点〕

式

答え _____

6 はるきさんは，100mを24秒で走りました。はるきさんは，秒速約何mで走ったことになりますか。答えは四捨五入して $\frac{1}{10}$ の位まで求めましょう。〔8点〕

式

答え _____

7 ひなたさんの自転車は，秒速4mで走っています。ひなたさんの自転車の分速は何mですか。〔8点〕

（式）

答え _____

8 時速90kmで走っている自動車があります。この自動車の分速は何kmですか。
〔8点〕

（式）

答え _____

9 秒速20mで走っている電車があります。この電車の時速は何kmですか。〔8点〕

（式）

答え _____

10 さくらさんは，分速60mで歩いています。さくらさんは，15分歩くと何m進むことができますか。〔8点〕

（式）

答え _____

11 かいとさんの乗ったバスは，時速48kmで走っています。このバスは，20分間に何km進むことができますか。〔8点〕

（式）

答え _____

12 そうまさんたちは，遠足で15kmの道のりを歩きます。時速3kmで歩くと，何時間かかりますか。〔8点〕

（式）

答え _____

13 あさひさんの家から駅まで1.2kmあります。分速150mで自転車をこぐと，家から駅まで何分で行くことができますか。〔8点〕

（式）

答え _____

51 速さの問題⑨

点

答え▶ 別冊解答 17 ページ

1 たくみさんの乗った電車は 5 時間で280kmを走りました。たくみさんの乗った電車は，時速何kmで走りましたか。〔7点〕

式

答え _____

2 はるきさんの乗ったバスは，2.5時間で75kmを走りました。はるきさんの乗ったバスは，時速何kmで走りましたか。〔7点〕

式

答え _____

3 あやとさんの家の犬は，１周1200ｍの池のまわりを，走って１周するのに６分かかりました。この犬は，分速何ｍで走りましたか。〔7点〕

式

答え _____

4 かのんさんは，900ｍを15分かけて歩きました。かのんさんは，分速何ｍで歩きましたか。〔7点〕

式

答え _____

5 ひろとさんは，自転車で360ｍを45秒で走りました。ひろとさんは，秒速何ｍで走ったことになりますか。〔8点〕

式

答え _____

6 こはるさんは100ｍを18秒で走りました。こはるさんは，秒速約何ｍで走ったことになりますか。答えは四捨五入して $\frac{1}{10}$ の位まで求めましょう。〔8点〕

式

答え _____

7 ももかさんは分速180mで走っています。ももかさんの秒速は何mですか。〔8点〕

（式）

答え _____

8 自転車が分速250mで走っています。この自転車の時速は何kmですか。〔8点〕

（式）

答え _____

9 時速90kmで走っている電車があります。この電車の秒速は何mですか。〔8点〕

（式）

答え _____

10 ひろとさんは秒速2.5mで走っています。ひろとさんは，12分走ると何m進むことができますか。〔8点〕

（式）

答え _____

11 あかりさんの乗った電車は，分速1.2kmで走っています。この電車は，40秒間に何m進むことができますか。〔8点〕

（式）

答え _____

12 学校から駅まで1.5kmあります。時速15kmで自転車をこぐと，学校から駅まで何分で行くことができますか。〔8点〕

（式）

答え _____

13 そうたさんは1200mの道のりを歩きます。時速3kmで歩くと，何分かかりますか。〔8点〕

（式）

答え _____

52

わりあい
割合の問題①

●くらべる量が，もとにする量のどれだけにあたるかを表した数を，「割合」といいます。
〈例〉子どもが10人います。そのうち小学生は4人です。小学生の割合は，

$$4 \div 10 = 0.4$$

（くらべる量）÷（もとにする量）＝（割合）

1 子どもが10人います。そのうち小学生は6人です。小学生の人数は，子ども全体の人数のどれだけの割合ですか。〔8点〕

式

答え

2 子どもが20人います。そのうち中学生は14人です。中学生の人数は，子ども全体の人数のどれだけの割合ですか。〔8点〕

式

答え

3 サッカークラブの定員は30人です。入部の希望者が18人いました。サッカークラブの入部の希望者の数は，定員のどれだけの割合ですか。〔8点〕

式

答え

4 テニスクラブの定員は15人です。入部の希望者が18人いました。テニスクラブの入部の希望者の数は，定員のどれだけの割合ですか。〔8点〕

式

答え

5 さくらさんの組の人数は35人です。きょう，かぜで7人休みました。かぜで休んだ人数は，組全体の人数のどれだけの割合ですか。〔8点〕

式

答え

6 かいとさんの組の人数は32人です。そのうち，家で金魚をかっている人が8人います。金魚をかっている人の数は，組全体の人数のどれだけの割合ですか。〔8点〕

式

答え _____

7 あやとさんたちのリッカーチームは，20回試合をして15回勝ちました。勝った試合数は，全試合数のどれだけの割合ですか。〔8点〕

式

答え _____

8 面積が50m²の花だんがあります。そのうちの20m²にチューリップの球根を植えました。チューリップの球根を植えた面積は，花だん全体の面積のどれだけの割合ですか。〔8点〕

式

答え _____

9 定価500円のくつ下を買ったら，20円安くしてくれました。安くしてくれた金がくは，定価のどれだけの割合ですか。〔8点〕

式

答え _____

10 赤いテープが24m，白いテープが16mあります。赤いテープの長さは，白いテープの長さのどれだけの割合ですか。〔8点〕

式

答え _____

11 あさがおの種を40つぶまきました。そのうちの35つぶが芽を出しました。芽を出した種の数は，まいた種の数のどれだけの割合ですか。〔10点〕

式

答え _____

12 ゆうなさんの家の高さは7.5mです。ゆうなさんの町で一番高いビルの高さは61.5mです。このビルの高さは，ゆうなさんの家の高さのどれだけの割合ですか。

〔10点〕

式

答え _____

53

わりあい
割合の問題②

1 だいちさんの体重は30kgです。弟の体重は、だいちさんの体重の0.8の割合にあたります。弟の体重は何kgですか。〔8点〕

式 $30 \times 0.8 = $ ⬚

答え ⬚ kg

2 だいちさんの体重は30kgです。お兄さんの体重は、だいちさんの体重の1.2の割合にあたります。お兄さんの体重は何kgですか。〔8点〕

式 $30 \times 1.2 = $

答え kg

3 えいたさんの体重は35kgです。お父さんの体重は、えいたさんの体重の1.8の割合にあたります。お父さんの体重は何kgですか。〔8点〕

式

答え

4 あおいさんの学校の5年生は全部で120人です。そのうち、男子の人数は、5年生全体の人数の0.6の割合にあたります。5年生の男子は何人ですか。〔8点〕

式

答え

5 ひかりさんの身長は140cmです。弟の身長は、ひかりさんの身長の0.7の割合にあたります。弟の身長は何cmですか。〔8点〕

式

答え

6 定価が850円のすいかが、定価の0.2の割合だけ安くなっています。何円安くなっていますか。〔8点〕

式

答え

7 しおりさんは，240ページある物語の本を，きょう，全体の0.4の割合にあたる分だけ読みました。しおりさんは，きょう，何ページ読みましたか。〔8点〕

（式）

答え＿＿＿＿＿＿＿＿＿＿

8 りんごが40こ送られてきました。そのうちの0.1の割合にあたるりんごがいたんでいました。いたんでいたりんごは何こですか。〔8点〕

（式）

答え＿＿＿＿＿＿＿＿＿＿

9 長方形の形をした花だんがあります。たての長さは6.4mです。横の長さは，たての長さの2.5の割合にあたるそうです。横の長さは何mですか。〔8点〕

（式）

答え＿＿＿＿＿＿＿＿＿＿

10 灯油が46Lあります。1週間で全体の0.8の割合にあたる量を使いました。使った灯油は何Lですか。〔8点〕

（式）

答え＿＿＿＿＿＿＿＿＿＿

11 はるきさんの体重は36kgです。お兄さんの体重は，はるきさんの体重の1.3の割合にあたります。お兄さんの体重は何kgですか。〔10点〕

（式）

答え＿＿＿＿＿＿＿＿＿＿

12 さくらさんの学校の児童数は460人です。きのう，そのうちの0.05の割合にあたる人が欠席しました。きのう欠席した人は全部で何人ですか。〔10点〕

（式）

答え＿＿＿＿＿＿＿＿＿＿

1 　陸上クラブの入部の希望者は24人で，これは定員の1.2の割合にあたります。陸上クラブの定員は何人ですか。〔8点〕

式　$24 \div 1.2 =$ ☐

答え ☐ 人

2 　あさひさんの体重はちょうど36kgで，これはお兄さんの体重の0.8の割合にあたります。お兄さんの体重は何kgですか。〔8点〕

式　$36 \div 0.8 =$

答え 　　　　kg

3 　かのんさんの体重はちょうど30kgで，これは弟の体重の1.2の割合にあたります。弟の体重は何kgですか。〔8点〕

式

答え

4 　ソフトボールクラブの入部の希望者は18人で，これは定員の0.9の割合にあたります。ソフトボールクラブの定員は何人ですか。〔8点〕

式

答え

5 　ひろとさんたちの野球チームは，これまでに27回勝ちました。これは全試合数の0.9の割合にあたるそうです。ひろとさんたちは，これまでに何回試合をしましたか。〔8点〕

式

答え

6 　宿題に計算問題が出ました。これまでに全体の0.6の割合にあたる48問をやりました。宿題の計算問題は全部で何問ありますか。〔8点〕

式

答え

7 ゆうなさんの家では，この1週間に灯油を32L使いました。これは，はじめにあった灯油の量の0.8の割合にあたるそうです。はじめに灯油は何Lありましたか。

〔8点〕

式

答え _____

8 かんなさんの身長は136cmで，これはお兄さんの身長の0.8の割合にあたるそうです。お兄さんの身長は何cmですか。〔8点〕

式

答え _____

9 動物図かんのねだんは2520円です。これは，国語辞典のねだんの1.4の割合にあたるそうです。国語辞典のねだんは何円ですか。〔8点〕

式

答え _____

10 水そうに，水を5.2L入れました。これは，水そうに入る水全体の0.4の割合にあたるそうです。この水そうには，全部で何Lの水が入りますか。〔8点〕

式

答え _____

11 こはるさんの学校の女子は全部で306人で，これは全児童数の0.45の割合にあたるそうです。こはるさんの学校の全児童数は何人ですか。〔10点〕

式

答え _____

12 ひろとさんの学校の5年生で，きょう，欠席した人は6人です。これは，学年全体の人数の0.04の割合にあたるそうです。ひろとさんの学校の5年生は，全部で何人ですか。〔10点〕

式

答え _____

ファイト!!

55 割合の問題④

わりあい

答え▶ 別冊解答
18 ページ
べっさつかいとう

1 科学クラブの定員は20人で，入部希望者が18人いました。科学クラブの入部希望者の数は，定員のどれだけの割合ですか。〔8点〕

式

答え _____

2 サッカークラブの入部希望者は36人で，これは定員の1.2の割合にあたります。サッカークラブの定員は何人ですか。〔8点〕

式

答え _____

3 みかんが50こ送られてきました。そのうちの0.1の割合にあたるみかんがいたんでいました。いたんでいたみかんは何こですか。〔8点〕

式

答え _____

4 はるとさんの組の人数は36人です。きょう，かぜで9人休みました。かぜで休んだ人数は，組全体の人数のどれだけの割合ですか。〔8点〕

式

答え _____

5 えいたさんの体重は35kgです。お兄さんの体重は，えいたさんの体重の1.4の割合にあたります。お兄さんの体重は何kgですか。〔8点〕

式

答え _____

6 あおいさんの体重は36kgで，これはお父さんの体重の0.6の割合にあたります。お父さんの体重は何kgですか。〔8点〕

式

答え _____

7 定価600円のプラモデルを買ったら，30円安くしてくれました。安くしてくれた金がくは，定価のどれだけの割合ですか。〔8点〕

式

答え _____

8 ひまわりの種を90つぶまきました。そのうちの72つぶが芽を出しました。芽を出した種の数は，まいた種の数のどれだけの割合ですか。〔8点〕

式

答え _____

9 長方形の形をした花だんがあります。たての長さは3.5mです。横の長さは，たての長さの1.6の割合にあたるそうです。横の長さは何mですか。〔8点〕

式

答え _____

10 ももかさんの学校の児童数は450人です。きのうは，そのうちの0.04の割合にあたる人が欠席しました。きのう，欠席した人は全部で何人ですか。〔8点〕

式

答え _____

11 たくみさんの学校の男子は全部で162人で，これは全児童数の0.54の割合にあたるそうです。たくみさんの学校の全児童数は何人ですか。〔10点〕

式

答え _____

12 水そうに，水を4.8L入れました。これは，水そうに入る水全体の0.6の割合にあたるそうです。この水そうには，全部で何Lの水が入りますか。〔10点〕

式

答え _____

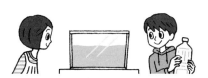

1 次の小数や整数で表した割合を百分率で表しましょう。〔1問2点〕

① 0.01 → | %

⑦ 0.5 →

② 0.02 →

⑧ 0.84 →

③ 0.1 → 10%

⑨ | → 100%

④ 0.3 →

⑩ 1.2 →

⑤ 0.15 →

⑪ 1.05 →

⑥ 0.46 →

⑫ 2 →

2 次の百分率で表した割合を小数や整数で表しましょう。〔1問2点〕

① | % → 0.01

⑦ 60% →

② 3% →

⑧ 94% →

③ 9% →

⑨ 100% → |

④ 10% → 0.1

⑩ 140% →

⑤ 12% →

⑪ 105% →

⑥ 25% →

⑫ 200% →

3 あかりさんのクラスの人数は40人です。そのうち，虫歯のある人が12人います。
〔1問5点〕

① 虫歯のある人は，クラス全体の人数のどれだけの割合ですか。

式 12÷40＝

答え _____

② 虫歯のある人は，クラス全体の何％ですか。

答え _____

4 定員が50人のバスに，お客さんが60人乗っています。〔1問5点〕
① お客さんの人数は，定員のどれだけの割合ですか。

式

答え _____

② お客さんの人数は，定員の何％ですか。

答え _____

5 ゆうきさんのクラスの人数は30人です。そのうち，めがねをかけている人が6人います。めがねをかけている人は，クラス全体の何％ですか。〔10点〕

式

答え _____

6 定員が40人のバスに，お客さんが52人乗っています。お客さんの人数は，定員の何％ですか。〔10点〕

式

答え _____

7 かいとさんの学級の学級文庫には本が60さつあります。そのうち，物語の本は27さつです。物語の本は，学級文庫の本全体の何％ですか。〔12点〕

式

答え _____

1 あやとさんは，計算テスト50問のうち45問が正しくできました。あやとさんが正しくできた問題は，問題全体の何％ですか。〔8点〕

式

答え _____

2 みつきさんのクラスの人数は35人です。そのうち，家で小鳥をかっている人が7人います。小鳥をかっている人は，クラス全体の何％ですか。〔8点〕

式

答え _____

3 ひろとさんの学級の学級文庫には本が90さつあります。そのうち，今月になってふえた本は9さつです。今月ふえた本は，学級文庫の本全体の何％ですか。〔8点〕

式

答え _____

4 あおいさんのクラスの人数は40人です。そのうち，虫歯のある人が18人います。虫歯のある人は，クラス全体の人数の何％ですか。〔8点〕

式

答え _____

5 面積が60m²の花だんがあります。そのうちの21m²にチューリップを植えました。チューリップを植えた面積は，花だん全体の面積の何％ですか。〔8点〕

式

答え _____

6 食塩水が150gあります。その中に食塩が30gとけています。とけている食塩の重さは，食塩水全体の重さの何％ですか。〔8点〕

式

答え _____

7 定価400円のおもちゃを買ったら，20円安くしてくれました。安くしてくれた金がくは定価の何%ですか。〔8点〕

（式）

答え _____

8 定価400円のかんづめを買ったら，60円安くしてくれました。安くしてくれた金がくは定価の何%ですか。〔8点〕

（式）

答え _____

9 さくらさんの家では，この1週間に灯油32Lのうち12Lを使いました。使った灯油は，灯油全体の何%ですか。〔8点〕

（式）

答え _____

10 ももかさんの学校の図書室で本を借りた人は，先週は160人で，今週は200人でした。今週本を借りた人は，先週本を借りた人の何%にあたりますか。〔8点〕

（式）

答え _____

11 ゆうきさんのクラスの人数は32人です。そのうち，家で犬をかっている人が10人います。犬をかっている人は，クラス全体の約何%ですか。答えの百分率は四捨五入して整数で求めましょう。〔10点〕

（式）

答え _____

12 かんなさんの町の人口は，今年1年間に325人ふえて6420人になりました。今年ふえた人口は，今年の人口全体の約何%にあたりますか。答えの百分率は四捨五入して整数で求めましょう。〔10点〕

（式）

答え _____

58

わりあい
割合の問題⑦

1 あんなさんの組の人数は30人です。そのうち，家でねこをかっている人が20%いるそうです。あんなさんの組で，ねこをかっている人は何人いますか。〔8点〕

式 $30 \times 0.2 =$ ☐

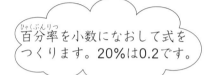

百分率を小数になおして式をつくります。20%は0.2です。

答え ☐ 人

2 ひかりさんは，漢字テスト50問のうち80%が正しくできました。ひかりさんが正しくできた問題は何問ですか。〔8点〕

式 $50 \times 0.8 =$

答え 問

3 学級文庫に，本が85さつあります。そのうち，40%が物語の本です。物語の本は何さつありますか。〔8点〕

式

答え

4 かいとさんの組の人数は40人です。そのうち，弟のいる人は20%です。かいとさんの組で，弟のいる人は何人ですか。〔8点〕

式

答え

5 600さつ仕入れたノートの60%が，きのうまでに売れました。きのうまでに売れたノートは何さつですか。〔8点〕

式

答え

6 そうたさんの組の学級園の面積は24m²です。この学級園の面積の60%にチューリップを植えました。チューリップを植えた面積は何m²ですか。〔10点〕

（式）

答え _____

7 定価が4500円のスカートがあります。そのうちの30%がもうけだそうです。このスカートのもうけは何円ですか。〔10点〕

（式）

答え _____

8 大売り出しで，どの商品も定価の20%引きで売っています。定価700円のプラモデルは，何円安く買うことができますか。〔10点〕

（式）

答え _____

9 去年1800kgのみかんがとれたみかん園で，今年は去年の120%のみかんがとれました。今年とれたみかんは何kgですか。〔10点〕

（式）

答え _____

10 りんごは，全体の重さの86%が水分だそうです。170gのりんごには，何gの水分がふくまれていますか。〔10点〕

（式）

答え _____

11 定員が120人の電車に，乗客が定員の85%乗っているそうです。この電車の乗客は何人ですか。〔10点〕

（式）

答え _____

59

わりあい
割合の問題⑧

1 次の□にあてはまる数を求めましょう。〔1問4点〕

① □kgの2倍は60kgです。

答え　30

② □kgの4倍は60kgです。

答え

③ □kgの1.2倍は60kgです。

答え

④ □kgの0.8倍は24kgです。

答え

⑤ □kgの70%は28kgです。

答え

⑥ □人の0.4倍は8人です。

答え

⑦ □人の60%は24人です。

答え

⑧ □人の120%は60人です。

答え

⑨ □円の3倍は150円です。

答え

⑩ □円の1.5倍は45円です。

答え

⑪ □円の110%は330円です。

答え

⑫ □円の90%は54円です。

答え

⑬ □Lの50%は3Lです。

答え

⑭ □Lの80%は16Lです。

答え

⑮ □Lの150%は60Lです。

答え

⑯ □Lの60%は4.2Lです。

答え

2 きょう，5年生の児童が8人欠席しました。これは，5年生全体の児童数の10%にあたります。5年生全体の児童数は何人ですか。〔6点〕

式 $8 \div 0.1 =$ [　　]

答え [　　] 人

3 ひなたさんの組では，家で動物をかっている人が21人います。これは，組全体の人数の60%にあたります。ひなたさんの組全体の人数は何人ですか。〔6点〕

式

答え _____

4 さくらさんは，持っていたお金の30%を使って，600円の絵の具を買いました。さくらさんが持っていたお金は何円ですか。〔6点〕

式

答え _____

5 お父さんは，へいにペンキをぬりました。使ったペンキは5.6Lで，これははじめにあったペンキの量の70%だそうです。はじめに，ペンキは何Lありましたか。〔6点〕

式

答え _____

6 くだもの屋さんが仕入れたりんごのうち，15こがいたんでいました。これは，仕入れたりんごの3%にあたります。くだもの屋さんは，りんごを何こ仕入れましたか。〔6点〕

式

答え _____

7 今年，じゃがいもが360kgとれました。これは，去年とれたじゃがいもの120%にあたるそうです。去年，じゃがいもは何kgとれましたか。〔6点〕

式

答え _____

60

わりあい
割合の問題⑨

得 点

点

答え→ 別冊解答
20ページ

1 定員が40人のバスに，お客さんが48人乗っています。お客さんの人数は，定員の何％ですか。〔8点〕

式

答え _____

2 あるバスに，お客さんが35人乗っています。これは，このバスの定員の70％にあたるそうです。このバスの定員は何人ですか。〔8点〕

式

答え _____

3 こはるさんは，漢字テスト40問のうち80％が正しくできました。こはるさんが正しくできた問題は何問ですか。〔8点〕

式

答え _____

4 ゆうきさんの学級の学級文庫には本が80さつあります。そのうち，童話の本は16さつです。童話の本は，学級文庫の本全体の何％ですか。〔8点〕

式

答え _____

5 みつきさんの学級の学級文庫には本が90さつあります。そのうち，40％が物語の本です。物語の本は何さつありますか。〔8点〕

式

答え _____

6 そうまさんは，持っていたお金の20％を使って，300円の筆箱を買いました。そうまさんが持っていたお金は何円ですか。〔8点〕

式

答え _____

7 定価500円のかんづめを買ったら，40円安くしてくれました。安くしてくれた金がくは定価の何％ですか。〔8点〕

式

答え _____

8 定価1500円のシャツがあります。そのうちの25％がもうけだそうです。このシャツのもうけは何円ですか。〔8点〕

式

答え _____

9 お父さんは，へいにペンキをぬりました。使ったペンキは6.3Lで，これははじめにあったペンキの量の70％だそうです。はじめに，ペンキは何Lありましたか。〔8点〕

式

答え _____

10 去年1500kgのみかんがとれたみかん園で，今年は去年の120％のみかんがとれました。このみかん園で，今年とれたみかんは何kgですか。〔8点〕

式

答え _____

11 今年，じゃがいもが450kgとれました。これは，去年とれたじゃがいもの125％にあたるそうです。去年，じゃがいもは何kgとれましたか。〔10点〕

式

答え _____

12 たくみさんの学級の人数は34人です。そのうち，家でねこをかっている人が15人います。ねこをかっている人は，学級全体の人数の約何％ですか。答えの百分率は四捨五入して整数で求めましょう。〔10点〕

式

答え _____

答え➡ 別冊解答
20ページ

1 あんなさんの組のきょうの出席者数は38人で，欠席者は2人だったそうです。きょうの欠席者数は，組全体の人数のどれだけの割合にあたりますか。〔8点〕

式 $2 \div (38+2) = 2 \div \boxed{}$

$= \boxed{}$　　　答え $\boxed{}$

2 ひろとさんのクラスで，犬をかっているかどうかを調べたら，かっている人が9人で，かっていない人が27人でした。犬をかっている人は，クラス全体の人数のどれだけの割合にあたりますか。〔8点〕

式 $9 \div (27+9) =$

答え _____

3 85gの水に食塩を15gとかして，食塩水をつくりました。とかした食塩の重さは，食塩水全体の重さのどれだけの割合にあたりますか。〔8点〕

式

答え _____

4 132gの水に食塩を18gとかして，食塩水をつくりました。とかした食塩の重さは，食塩水全体の重さのどれだけの割合にあたりますか。〔8点〕

式

答え _____

5 ももかさんの家では，畑でねぎとキャベツをつくっています。ねぎをつくっている畑の面積は48m²で，キャベツをつくっている畑の面積は192m²だそうです。ねぎをつくっている畑の面積は，畑全体の面積のどれだけの割合にあたりますか。

〔8点〕

式

答え _____

6 ひまわりの種をまいたら，芽が出た種が40つぶで，芽が出なかった種が10つぶでした。芽が出た種は，まいた種全体の数の何％にあたりますか。〔10点〕

（式）

答え _____

7 お父さんは，へいにペンキをぬりました。使ったペンキは6Lで，残りのペンキは14Lあるそうです。お父さんは，はじめにあったペンキの量の何％を使いましたか。〔10点〕

（式）

答え _____

8 いつきさんたちのサッカーチームは，試合に24回勝って6回負けました。引き分けはありません。勝った試合数は，全試合数の何％になりますか。〔10点〕

（式）

答え _____

9 バスケットボールで，シュートの練習をしています。しおりさんは，32回入りましたが，18回入りませんでした。入った回数は，シュートした全部の回数の何％になりますか。〔10点〕

（式）

答え _____

10 さくらさんは，50円のおかしを買ったので，持っているお金が350円になりました。おかしの代金は，はじめに持っていたお金の何％にあたりますか。〔10点〕

（式）

答え _____

11 さとうが20gあります。これを480gの水にとかしてさとう水をつくりました。とかしたさとうの重さは，さとう水全体の重さの何％にあたりますか。〔10点〕

（式）

答え _____

答え▶ 別冊解答
20ページ

1 去年300円のプラモデルが，今年は30円ね上がりしました。今年のプラモデルのねだんは，去年のプラモデルのねだんのどれだけの割合にあたりますか。〔10点〕

式 $(300＋30)÷300＝$ ☐ $÷300$

$＝$ ☐

答え ☐

2 去年200円のかんづめが，今年は40円ね上がりしました。今年のかんづめのねだんは，去年のかんづめのねだんのどれだけの割合にあたりますか。〔10点〕

式

答え

3 あるバスの定員は50人です。今，乗客は定員より10人多いそうです。今の乗客の数は，定員の何％にあたりますか。〔10点〕

式

答え

4 だいちさんの家では，去年250kgのりんごがとれました。今年は，去年より25kg多くとれました。今年のりんごのとれ高は，去年のとれ高の何％にあたりますか。〔10点〕

式

答え

5 ある電車の定員は380人です。今，乗客は定員より19人多いそうです。今の乗客の数は，定員の何％にあたりますか。〔10点〕

式

答え

6 定価300円のハンカチを270円で売りました。安くした分は，定価のどれだけの割合にあたりますか。〔10点〕

式 $(300-270)\div300=$ [　　] $\div300$

$=$ [　　]　　　答え [　　]

7 定価500円のペンを400円で買いました。安くしてくれた分は，定価のどれだけの割合にあたりますか。〔10点〕

式

答え _____

8 定価500円のはさみを425円で売りました。安くした分は，定価の何％ですか。〔10点〕

式

答え _____ ％

9 定価150円のノートを120円で売りました。安くした分は，定価の何％ですか。〔10点〕

式

答え _____

10 ゆうきさんの学級は40人です。そのうち，きょう欠席した人が6人います。きょう出席した人は，学級全体の人数の何％ですか。〔10点〕

式

答え _____

63 割合の問題⑫

1 たくみさんの学級の学級文庫の本の数は，先月より8さつ多くなり，今月は48さつになりました。ふえた本の数は，先月の本の数のどれだけの割合にあたりますか。〔8点〕

式　$8 ÷ (48 - 8) = 8 ÷$ ☐

$=$ ☐　　　　　　答え ☐

2 しょう油のねだんは，今年は去年より60円ね上がりして360円になりました。ね上がりした分は，去年のねだんのどれだけの割合にあたりますか。〔8点〕

式

答え _____

3 かのんさんの家で，今年のぶどうのとれ高は去年より20kg多く，100kgでした。多くとれた分は，去年のぶどうのとれ高のどれだけの割合にあたりますか。〔8点〕

式

答え _____

4 ゆうなさんの学校では，今年の児童数は去年より60人ふえて560人になりました。今年ふえた児童数は，去年の児童数のどれだけの割合にあたりますか。〔8点〕

式

答え _____

5 はるとさんの家では，今年のりんごのとれ高は去年より40kg多く，540kgでした。多くとれた分は，去年のりんごのとれ高のどれだけの割合にあたりますか。

〔8点〕

式

答え _____

6 かんづめのねだんは，今年は去年より25円ね上がりして275円になりました。ね上がりした分は，去年のねだんの何％にあたりますか。〔10点〕

(式)

答え _____

7 あおいさんの学級では，今年は学級園の面積を去年より12m²ふやして72m²にしました。ふやした面積は，去年の学級園の面積の何％にあたりますか。〔10点〕

(式)

答え _____

8 ある自動車屋さんで，今月は75台の自動車が売れました。これは，先月より15台ふえたことになります。先月よりふえた台数は，先月に売れた台数の何％になりますか。〔10点〕

(式)

答え _____

9 あるプラモデルのねだんは，今年は460円で，これは去年より60円高いそうです。ね上がりした分は，去年のねだんの何％にあたりますか。〔10点〕

(式)

答え _____

10 はるきさんの学校の児童数は，今年は去年より24人ふえて324人になりました。今年ふえた児童数は，去年の児童数の何％にあたりますか。〔10点〕

(式)

答え _____

11 お父さんの体重は，今年は去年より5kgふえて65kgになりました。ふえた分は，去年の体重の約何％にあたりますか。答えの百分率は四捨五入して整数で求めましょう。〔10点〕

(式)

答え _____

64 わりあい 割合の問題⑬

答え▶ 別冊解答 21ページ

1 1こ300円で仕入れたかんづめに，仕入れたねだんの10%のもうけがあるように定価をつけようと思います。定価を何円にすればよいでしょうか。〔8点〕

式　$300 \times (1 + 0.1) = 300 \times \boxed{}$

$= \boxed{}$　　　　答え $\boxed{}$ 円

2 1こ400円で仕入れた筆箱に，仕入れたねだんの20%のもうけがあるように定価をつけようと思います。定価を何円にすればよいでしょうか。〔8点〕

式

答え

3 500円で仕入れたしょう油に，仕入れたねだんの10%のもうけがあるように定価をつけようと思います。定価を何円にすればよいでしょうか。〔8点〕

式

答え

4 たくみさんの学校の今年の児童数は，去年の児童数の10%だけ多くなりました。去年の児童数は360人でした。たくみさんの学校の今年の児童数は何人ですか。

〔8点〕

式

答え

5 さんまのきょうのねだんは，きのうのねだんより20%高くなりました。きのうのさんまのねだんは，1kgで600円です。きょうのねだんは，1kgで何円ですか。

〔8点〕

式

答え

6 4500円で仕入れたスカートに，仕入れたねだんの30%のもうけをつけて定価をつけました。このスカートの定価は何円ですか。〔10点〕

式

答え _____

7 定員が150人の電車に，定員より8％多いお客さんが乗っています。この電車には，お客さんが何人乗っていますか。〔10点〕

式

答え _____

8 えいたさんの家では，去年みかんが250kgとれました。そして，今年は去年より30％多くとれました。今年とれたみかんは何kgですか。〔10点〕

式

答え _____

9 ゆうまさんの家の畑の広さは480m²です。しおりさんの家の畑は，ゆうまさんの家の畑より20%広いそうです。しおりさんの家の畑の広さは何m²ですか。〔10点〕

式

答え _____

10 だいちさんは800円の本を買いました。お兄さんは，だいちさんが買った本のねだんより15%高い本を買いました。お兄さんが買った本のねだんは何円ですか。

〔10点〕

式

答え _____

11 牧場に牛が150頭います。馬は牛より34%多くいるそうです。この牧場に馬は何頭いますか。〔10点〕

式

答え _____

1 ひろとさんは，定価600円のくつ下を，定価の10%引きで買いました。ひろとさんは何円はらいましたか。〔8点〕

式 $600 \times (1 - 0.1) = 600 \times \boxed{}$

$= \boxed{}$ 　　　答え $\boxed{}$ 円

2 いちかさんの学校の去年の児童数は360人でした。今年の児童数は，去年の児童数の10%だけへったそうです。今年の児童数は何人ですか。〔8点〕

式

答え _____

3 さくらさんは，定価700円のくつ下を，定価の30%引きで買いました。さくらさんは何円はらいましたか。〔8点〕

式

答え _____

4 かいとさんのお父さんは，600m²の畑をたがやしています。これまでに畑全体の面積の60%をたがやしました。まだ，たがやしていない畑の面積は何m²ありますか。〔8点〕

式

答え _____

5 ゆうきさんは，定価1500円の船のプラモデルを定価の20%引きで買いました。ゆうきさんは，この船のプラモデルを何円で買いましたか。〔8点〕

式

答え _____

6 牧場に牛が150頭います。馬は牛より30%少ないそうです。この牧場に馬は何頭いますか。〔10点〕

式

答え _____

7 定員が250人の船に，お客さんが定員の80%乗っているそうです。あと何人乗ることができますか。〔10点〕

式

答え _____

8 みつきさんの学校の児童数は420人です。そのうち，虫歯のある人の割合は，35%だそうです。虫歯のない人は何人ですか。〔10点〕

式

答え _____

9 ひかりさんの家では，去年，みかんが150kgとれました。今年のとれ高は，去年のとれ高より20%少なかったそうです。今年のみかんのとれ高は何kgですか。

〔10点〕

式

答え _____

10 たくみさんの家の畑の広さは250m²です。そのうち，75%にあたる面積に小麦をつくり，残りの畑には野菜をつくることにしました。野菜をつくる面積は何m²ですか。〔10点〕

式

答え _____

11 かいとさんは800円持っています。そうたさんの持っているお金は，かいとさんの持っているお金の85%です。2人の持っているお金のちがいは何円ですか。

〔10点〕

式

答え _____

1 80gの水に食塩を20gとかして，食塩水をつくりました。とかした食塩の重さは，食塩水全体の重さのどれだけの割合にあたりますか。〔8点〕

式

答え

2 去年400円のプラモデルが，今年は80円ね上がりしました。今年のプラモデルのねだんは，去年のプラモデルのねだんのどれだけの割合にあたりますか。〔8点〕

式

答え

3 定価200円のハンカチを190円で売りました。安くした分は，定価のどれだけの割合にあたりますか。〔8点〕

式

答え

4 あるかんづめのねだんは，今年は去年より60円ね上がりして560円になりました。ね上がりした分は，去年のねだんのどれだけの割合にあたりますか。〔8点〕

式

答え

5 300円で仕入れたタオルに，仕入れたねだんの20%のもうけがあるように定価をつけようと思います。定価を何円にすればよいでしょうか。〔8点〕

式

答え

6 定価400円の筆箱を，定価の10%引きで買います。何円はらえばよいでしょうか。
〔8点〕

式

答え

7 さくらさんの学級は40人です。そのうち，きょう欠席した人が3人います。きょう出席した人は，学級全体の人数の何％といえますか。〔8点〕

式

答え _____

8 あるバスの定員は45人です。今，乗客は定員より9人多いそうです。今の乗客の数は，定員の何％にあたりますか。〔8点〕

式

答え _____

9 はるきさんたちのサッカーチームは，試合に18回勝って6回負けました。引き分けはありません。勝った試合数は，全試合数の何％になりますか。〔8点〕

式

答え _____

10 ひろとさんの学級の学級文庫の本の数は，先月より12さつふえて，今月は92さつになりました。今月ふえた本の数は，先月の本の数の何％にあたりますか。〔8点〕

式

答え _____

11 あかりさんの家では，去年ぶどうが180kgとれました。そして，今年は去年より15％多くとれました。今年とれたぶどうは何kgですか。〔10点〕

式

答え _____

12 はるとさんの家では，去年みかんが250kgとれました。今年のとれ高は，去年のとれ高より14％少なかったそうです。今年のみかんのとれ高は何kgですか。〔10点〕

式

答え _____

わりあい
割合の問題⑯

答え▶ 別冊解答
22 ページ

1 ある品物に，仕入れたねだんの30%のもうけをふくめて650円の定価をつけました。この品物を仕入れたねだんは何円ですか。仕入れたねだんを□円として式に表し，答えを求めましょう。〔10点〕

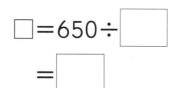

式　$\square \times (1 + 0.3) = 650$

$\square \times 1.3 = 650$

$\square = 650 \div \boxed{}$

$= \boxed{}$

仕入れたねだんの
（1＋0.3）倍が650円
になります。

答え　　　　円

2 ある電車に，定員の20%多い360人のお客さんが乗っています。この電車の定員は何人ですか。定員を□人として式に表し，答えを求めましょう。〔10点〕

式　$\square \times (1 + 0.2) = 360$

答え　　　　　人

3 ある品物に，仕入れたねだんの20%のもうけをふくめて450円の定価をつけました。この品物を仕入れたねだんは何円ですか。仕入れたねだんを□円として式に表し，答えを求めましょう。〔10点〕

式

答え

4 かのんさんの学校の児童数は，今年は，去年より10%ふえて396人になりました。去年の児童数は何人でしたか。去年の児童数を□人として式に表し，答えを求めましょう。〔10点〕

式

答え

5 あるえい画館で，定員の20%多い540人の人が入りました。このえい画館の定員は何人ですか。定員を□人として式に表し，答えを求めましょう。〔12点〕

(式)

答え _____

6 あさひさんの家ではみかんをつくっています。今年は，去年より30%多い260kgのみかんをとろうと考えています。去年，みかんは何kgとれましたか。去年とれたみかんの重さを□kgとして式に表し，答えを求めましょう。〔12点〕

(式)

答え _____

7 やお屋さんがすいかを仕入れました。すいかの定価は，仕入れたねだんの15%のもうけをふくめて920円としました。すいかを何円で仕入れましたか。仕入れたねだんを□円として式に表し，答えを求めましょう。〔12点〕

(式)

答え _____

8 ある電車に，定員の25%多い300人のお客さんが乗っています。この電車の定員は何人ですか。定員を□人として式に表し，答えをもとめましょう。〔12点〕

(式)

答え _____

9 ひかりさんの家では，今年はじゃがいも畑を去年の15%ふやして966m²にしました。去年のじゃがいも畑は何m²でしたか。去年のじゃがいも畑の面積を□m²として式に表し，答えを求めましょう。〔12点〕

(式)

答え _____

68 割合の問題⑰

答え▶ 別冊解答
22・23ページ

1 ゆうなさんが，定価の30%引きで絵の具を買ったら560円でした。この絵の具の定価は何円ですか。定価を□円として式に表し，答えを求めましょう。〔10点〕

式　□×（1−0.3）＝560

　　　□×0.7＝560

　　　□＝560÷□

　　　＝□

答え　□　円

2 ある船にお客さんが320人乗っています。これは，定員より20%少ないそうです。この船の定員は何人ですか。定員を□人として式に表し，答えを求めましょう。

〔10点〕

式　□×（1−0.2）＝320

答え　　　　　　　人

3 あおいさんが，定価の20%引きでメロンを買ったら660円でした。このメロンの定価は何円ですか。定価を□円として式に表し，答えを求めましょう。〔10点〕

式

答え

4 畑の40%をたがやしました。たがやしていないところは540m²あるそうです。畑全体の面積は何m²ですか。畑全体の面積を□m²として式に表し，答えを求めましょう。〔10点〕

式

答え

5 たくみさんは，物語の本の10%を読み終えました。まだ，読んでいないページが225ページあるそうです。この本は全部で何ページありますか。本全体のページ数を□ページとして式に表し，答えを求めましょう。〔12点〕

（式）

答え _____

6 陸上クラブに入っている女子の人数は，陸上クラブ全体の30%です。また，このクラブに男子は28人います。陸上クラブに入っている人は，全部で何人いますか。陸上クラブに入っている人数を□人として式に表し，答えを求めましょう。〔12点〕

（式）

答え _____

7 ある船にお客さんが240人乗っています。これは，定員より25%少ないそうです。この船の定員は何人ですか。定員を□人として式に表し，答えを求めましょう。

〔12点〕

（式）

答え _____

8 こはるさんは，物語の本の15%を読み終えました。まだ，読んでいないページが170ページあります。この本は全部で何ページありますか。本全体のページ数を□ページとして式に表し，答えを求めましょう。〔12点〕

（式）

答え _____

9 ひろとさんの家で，すぎのなえを植えました。そのうちの8%はかれてしまい，今，207本が元気に育っています。はじめに植えたすぎのなえは何本でしたか。はじめに植えたすぎのなえの数を□本として式に表し，答えを求めましょう。〔12点〕

（式）

答え _____

●0.1を1割, 0.01を1分, 0.001を1厘とした割合の表し方を「歩合」といいます。

割合を表す数	1	0.1	0.01	0.001
百分率	100%	10%	1%	0.1%
歩　合	10割	1割	1分	1厘

1 次の小数や整数で表した割合を歩合で, 歩合で表した割合を小数や整数で表しましょう。〔1問2点〕

① 0.3 → 　3割

② 0.48 → 　4割8分

③ 0.243 → 　2割4分3厘

④ 0.075 →

⑤ 1 →

⑥ 7割 →

⑦ 4割1分7厘 →

⑧ 2分 →

⑨ 5割9厘 →

⑩ 30割 →

2 次の百分率で表した割合を歩合で, 歩合で表した割合を百分率で表しましょう。

〔1問2点〕

① 20% → 　2割

② 56% → 　5割6分

③ 48.1% → 　4割8分1厘

④ 50.7% →

⑤ 100% →

⑥ 3割 →

⑦ 4分 →

⑧ 2割5分9厘 →

⑨ 5割8分 →

⑩ 12割 →

3 1本100円で仕入れたジュースに，仕入れたねだんの2割のもうけがあるように定価をつけようと思います。もうけを何円にすればよいですか。〔10点〕

式　100×0.2＝

答え _____

4 全部で200ページの本があります。かのんさんは，そのうちの3割を読みました。かのんさんは何ページ読みましたか。〔10点〕

式

答え _____

5 あやとさんはお兄さんと5回じゃんけんをして，2回勝ちました。あやとさんの勝率（全試合数に対する勝ち試合の割合）は何割ですか。〔10点〕

式　2÷5＝

答え _____

6 定価が1200円のくつ下を960円で売っている店があります。定価の何割で売っていますか。〔10点〕

式

答え _____

7 定価が1000円のハンカチを700円で売っている店があります。定価の何割引きで売っていますか。〔10点〕

式

答え _____

8 1こ500円で仕入れたプラモデルに，仕入れたねだんの2割4分のもうけがあるように定価をつけようと思います。定価を何円にすればよいですか。〔10点〕

式

答え _____

1 　ゆうきさんたちのサッカーチームは，40回試合をして30回勝ちました。勝った試合数は，全試合数のどれだけの割合にあたりますか。〔8点〕

（式）

答え＿＿＿＿＿＿＿＿＿＿

2 　学級文庫に本が50さつあります。そのうちの70%が物語の本です。物語の本は全部で何さつありますか。〔8点〕

（式）

答え＿＿＿＿＿＿＿＿＿＿

3 　りくとさんの体重は34kgです。お父さんの体重は，りくとさんの体重の1.6の割合にあたります。お父さんの体重は何kgですか。〔8点〕

（式）

答え＿＿＿＿＿＿＿＿＿＿

4 　くだもの屋さんで，すいかを定価の2割引きで売っています。定価850円のすいかは何円で買うことができますか。〔8点〕

（式）

答え＿＿＿＿＿＿＿＿＿＿

5 　定価1500円のくつを1200円で売っている店があります。安くなっている分は，定価の何割ですか。〔8点〕

（式）

答え＿＿＿＿＿＿＿＿＿＿

6 　しおりさんの学校の児童数は，去年280人でしたが，今年は去年より15%へってしまいました。今年の児童数は何人ですか。〔10点〕

（式）

答え＿＿＿＿＿＿＿＿＿＿

7 食塩が40gあります。これを，460gの水にとかして食塩水をつくりました。とかした食塩の重さは，食塩水全体の重さの何％になりますか。〔10点〕

式

答え _____

8 ある船の定員は250人です。今，乗客は定員より15人少ないそうです。今の乗客の数は，定員の何％にあたりますか。〔10点〕

式

答え _____

9 そうたさんの学校の女子の人数は234人です。これは，学校全体の児童数の45％にあたります。そうたさんの学校の児童数は全部で何人ですか。〔10点〕

式

答え _____

10 あかりさんの家では，去年，りんごが180kgとれました。今年のとれ高は，去年のとれ高より20％少なかったそうです。今年のりんごのとれ高は何kgですか。

〔10点〕

式

答え _____

11 ある品物に，仕入れたねだんの2割のもうけをふくめて450円の定価をつけました。この品物を仕入れたねだんは何円ですか。仕入れたねだんを□円として式に表し，答えを求めましょう。〔10点〕

式

答え _____

ひとやすみ

◆計算の記号を使って

下の式の□に，＋，－，×，÷の記号を入れて，正しい式をつくりましょう。必要ならば（　）を使ってもかまいません。

① 1 □ 2 □ 3 ＝ 1

② 1 □ 2 □ 3 □ 4 ＝ 1

（答えは別冊の31ページ）

71 いろいろな問題①

答え➡ 別冊解答 24ページ

1 りんご１ことみかん１こで180円です。同じりんご１ことみかん３こで300円です。〔1問8点〕

 180円

300円

① みかん１このねだんは何円ですか。

式 300－180＝120, 120÷2＝60

答え ☐ 円

② りんご１このねだんは何円ですか。

式 180－60＝

答え 円

2 りんご１ことかき１こで190円です。同じりんご１ことかき４こで430円です。
〔1問8点〕

① かき１このねだんは何円ですか。

式 430－190＝

答え 円

② りんご１このねだんは何円ですか。

式

答え

3 消しゴム１ことえん筆１本で120円です。同じ消しゴム１ことえん筆３本で280円です。〔1問8点〕

① えん筆１本のねだんは何円ですか。

式

答え

② 消しゴム１このねだんは何円ですか。

式

答え

4 かいとさんは、消しゴムを1ことノートを1さつ買って、180円はらいました。あおいさんは、同じ消しゴムを1ことノートを4さつ買って、510円はらいました。消しゴム1ことノート1さつのねだんは、それぞれ何円ですか。〔10点〕

式

答え

5 りんご1ことみかん1こを買うと100円です。同じりんご1ことみかん5こを買うと220円です。りんご1ことみかん1このねだんは、それぞれ何円ですか。

式

〔10点〕

答え

6 なしを5こ買ってかごに入れてもらうと、かご代とあわせて550円だそうです。同じなしを9こ買って同じかごに入れてもらうと910円だそうです。なし1ことかごのねだんは、それぞれ何円ですか。〔10点〕

式

答え

7 かきを2ことみかんを3こ買うと290円だそうです。同じかきを2ことみかんを5こ買うと390円だそうです。かき1ことみかん1このねだんは、それぞれ何円ですか。〔10点〕

式

答え

8 ノート2さつとえん筆5本の代金は540円だそうです。同じノート2さつとえん筆8本の代金は720円だそうです。ノート1さつとえん筆1本のねだんは、それぞれ何円ですか。〔12点〕

式

答え

1 りんごとみかんがあわせて6こあります。りんごの数とみかんの数は同じです。りんごは何こありますか。〔6点〕

答え □ こ

2 りんごとみかんがあわせて6こあります。みかんの数は，りんごの数の2倍です。りんごは何こありますか。〔6点〕

答え

3 くりとかきがあわせて9こあります。かきの数は，くりの数の2倍です。くりは何こありますか。〔6点〕

答え

4 赤い色紙と青い色紙があわせて12まいあります。青い色紙の数は，赤い色紙の数の2倍です。赤い色紙は何まいありますか。〔6点〕

答え

5 青いおはじきと白いおはじきがあわせて16こあります。白いおはじきの数は，青いおはじきの数の3倍です。青いおはじきは何こありますか。〔6点〕

答え

6 おとなと子どもがあわせて10人います。子どもの人数は，おとなの人数の4倍です。おとなは何人いますか。〔6点〕

答え

7 みかんといちごがあわせて18こあります。いちごの数は，みかんの数の5倍です。みかんは何こありますか。〔8点〕

答え

8 りんごとみかんがあわせて15こあります。みかんの数は，りんごの数の2倍あります。〔1問8点〕

① りんごは何こありますか。

式 $15 \div (2+1) = $ ⬜5⬜

答え ⬜ こ

みかんの数は，「りんごの数の2倍」より5×2でも求められます。

② みかんは何こありますか。

式 $15 - 5 = $

答え

9 赤いおはじきと白いおはじきがあわせて24こあります。白いおはじきの数は，赤いおはじきの数の3倍あるそうです。赤いおはじきと白いおはじきは，それぞれ何こありますか。〔10点〕

式   答え

10 つむぎさんは，お父さんとくり拾いに行き，2人あわせて84こ拾いました。お父さんは，つむぎさんの3倍拾ったそうです。つむぎさんとお父さんは，それぞれ何こ拾いましたか。〔10点〕

式   答え

11 ゆうまさんが，赤ちゃんをだいて体重をはかったら40kgありました。ゆうまさんの体重は，赤ちゃんの体重の4倍あるそうです。ゆうまさんと赤ちゃんの体重は，それぞれ何kgですか。〔10点〕

式   答え

12 はるきさんとお父さんは，2人でジェットコースターに乗り，あわせて1650円はらいました。ジェットコースターのおとなの料金は，子どもの料金の2倍です。ジェットコースターの料金は，おとなと子ども，それぞれ何円ですか。〔10点〕

式   答え

いろいろな問題③

答え▶ 別冊解答 25 ページ

1 なしとかきがあわせて14こあります。かきの数は，なしの数の2倍よりも2こ多くあります。〔1問6点〕

① なしは何こありますか。

式 $(14-2)÷(2+1)=$ 〔4〕

答え ☐ こ

かきの数は，4×2＋2でも求められます。

② かきは何こありますか。

式 $14-4=$ ☐

答え ☐ こ

2 赤い色紙と青い色紙があわせて24まいあります。青い色紙の数は，赤い色紙の数の3倍よりも4まい多くあります。〔1問6点〕

① 赤い色紙は何まいありますか。

式

答え _____

② 青い色紙は何まいありますか。

式

答え _____

3 みかんといちごがあわせて68こあります。いちごの数は，みかんの数の2倍よりも8こ多くあります。みかんといちごは，それぞれ何こありますか。〔10点〕

式

答え _____

4 青いおはじきと黄色いおはじきがあわせて96こあります。黄色いおはじきの数は青いおはじきの数の3倍よりも12こ多くあります。青いおはじきと黄色いおはじきは，それぞれ何こありますか。〔10点〕

式

答え _____

5 りんごとみかんがあわせて15こあります。みかんの数は，りんごの数の2倍よりも3こ少ないそうです。〔1問6点〕

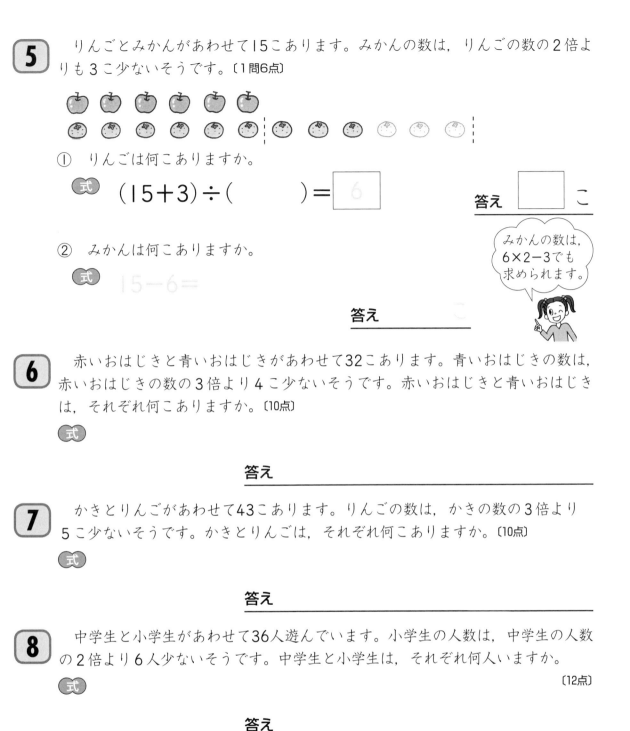

① りんごは何こありますか。

式 $(15+3)÷($ 　　　 $)=$ ⬚6

答え ⬚ こ

② みかんは何こありますか。

式 $15-6=$

答え ＿＿＿＿＿＿＿ こ

> みかんの数は，6×2−3でも求められます。

6 赤いおはじきと青いおはじきがあわせて32こあります。青いおはじきの数は，赤いおはじきの数の3倍より4こ少ないそうです。赤いおはじきと青いおはじきは，それぞれ何こありますか。〔10点〕

式

答え ＿＿＿＿＿＿＿＿＿＿＿＿＿

7 かきとりんごがあわせて43こあります。りんごの数は，かきの数の3倍より5こ少ないそうです。かきとりんごは，それぞれ何こありますか。〔10点〕

式

答え ＿＿＿＿＿＿＿＿＿＿＿＿＿

8 中学生と小学生があわせて36人遊んでいます。小学生の人数は，中学生の人数の2倍より6人少ないそうです。中学生と小学生は，それぞれ何人いますか。〔12点〕

式

答え ＿＿＿＿＿＿＿＿＿＿＿＿＿

9 赤い色紙と青い色紙があわせて38まいありました。あとで，お母さんから赤い色紙を2まいもらいました。すると，赤い色紙の数は，青い色紙の数のちょうど3倍になりました。はじめに赤い色紙と青い色紙は，それぞれ何まいありましたか。〔12点〕

式

答え ＿＿＿＿＿＿＿＿＿＿＿＿＿

74 いろいろな問題④

答え▶ 別冊解答 26 ページ

1 りんごとみかんがあります。みかんの数はりんごの数の2倍で，その差は5こです。りんごは何こありますか。〔6点〕

🍎 🍎 🍎 🍎 🍎
🍊 🍊 🍊 🍊 🍊 ┊ 🍊 🍊 🍊 🍊 🍊 ┊

答え 　　　 こ

2 くりとかきがあります。かきの数はくりの数の2倍で，その差は6こです。くりは何こありますか。〔6点〕

答え 　　　 こ

3 中学生と小学生がいます。小学生の人数は中学生の人数の2倍で，その差は10人です。中学生は何人いますか。〔6点〕

答え 　　　

4 青い色紙と黄色い色紙があります。黄色い色紙の数は青い色紙の数の3倍で，その差は4まいです。青い色紙は何まいありますか。〔6点〕

答え 　　　

5 あめとクッキーがあります。クッキーの数はあめの数の3倍で，その差は12こです。あめは何こありますか。〔6点〕

答え 　　　

6 トラックとバスがあります。バスの数はトラックの数の4倍で，その差は15台です。トラックは何台ありますか。〔6点〕

答え 　　　

7 はととすずめがいます。すずめの数ははとの数の5倍で，その差は16わです。はとは何わいますか。〔6点〕

答え

8 りんごとみかんがあります。みかんの数はりんごの数の3倍で、その差は8こです。りんごとみかんは、それぞれ何こありますか。〔10点〕

式　$8 \div (3 - 1) = 4, \quad 4 \times 3 = \boxed{}$

答え　りんご…$\boxed{}$こ，　みかん…$\boxed{}$こ

9 チョコレートとドーナツがあります。ドーナツの数はチョコレートの数の4倍で、その差は18こです。チョコレートとドーナツは、それぞれ何こありますか。〔12点〕

式

答え　

10 おとなと子どもがいます。おとなの人数は子どもの3倍で、その差は36人です。おとなと子どもは、それぞれ何人いますか。〔12点〕

式

答え　

11 ボランティアで公園のそうじをしました。集まったもえないごみの重さは、もえるごみの重さの1.5倍で、その差は7.5kgでした。それぞれのごみの重さは何kgですか。〔12点〕

式

答え　

12 大きい荷物と小さい荷物があります。大きい荷物の重さは小さい荷物の重さの2.5倍で、その差は18kgです。大きい荷物と小さい荷物の重さは、それぞれ何kgですか。〔12点〕

式

答え　

得点

点

答え ➡ 別冊解答
27 ページ

1 長さ60mの電車が，だいちさんの前を通過するのに4秒かかりました。この電車は秒速何mで走っていましたか。〔9点〕

式

答え _____

2 長さ60mの電車が，40mの鉄橋をわたり始めてから，すっかりわたり終わるまでに5秒かかりました。この電車は秒速何mで走っていましたか。〔7点〕

式 $(60 + 40) \div 5 = 100 \div 5$

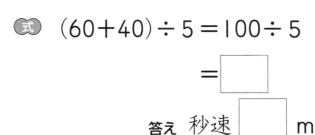

$= \boxed{}$

答え 秒速 $\boxed{}$ m

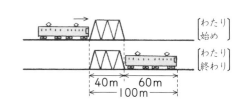

3 長さ80mの電車が，120mの鉄橋をわたり始めてから，すっかりわたり終わるまでに8秒かかりました。この電車は秒速何mで走っていましたか。〔10点〕

式 $(80 + 120) \div 8 =$

答え 秒速 _____ m

4 長さ70mの電車が，245mのトンネルに入り始めてから，すっかり出てしまうまでに9秒かかりました。この電車は秒速何mで走っていましたか。〔10点〕

式

答え _____

5 秒速20mで走る電車が，しおりさんの前を通過するのに5秒かかりました。この電車の長さは何mですか。〔10点〕

式

答え _____

6 秒速20mで走る電車が，長さ120mの鉄橋をわたり始めてから，すっかりわたり終わるまでに10秒かかりました。この電車の長さは何mですか。〔7点〕

(式)
$$20 \times 10 - 120 = 200 - 120$$
$$= \boxed{}$$

答え $\boxed{}$ m

7 秒速30mで走る電車が，長さ240mの鉄橋をわたり始めてから，すっかりわたり終わるまでに12秒かかりました。この電車の長さは何mですか。〔10点〕

(式)

答え _____

8 分速1500mで走る電車が，長さ1.6kmのトンネルに入り始めてから，すっかり出てしまうまでに1分10秒かかりました。この電車の長さは何mですか。〔10点〕

(式)

答え _____

9 長さ90mで，秒速30mの速さで走る電車が，長さ270mのトンネルをすっかり通りすぎるのに，何秒かかりますか。〔7点〕

(式)
$$(90 + 270) \div 30 = 360 \div 30$$
$$= \boxed{}$$

答え $\boxed{}$ 秒

10 長さ350mの鉄橋を秒速25mの速さで電車が通過しました。この電車の長さは150mです。電車が鉄橋をすっかり通過するのに，何秒かかりましたか。〔10点〕

(式)

答え _____

11 長さ160mで，分速1.2kmの速さで走る電車が，長さ540mのトンネルをすっかり通りすぎるのに，何秒かかりますか。〔10点〕

(式)

答え _____

いろいろな問題⑥

1 えいたさんの学級の人数は40人です。そのうち，虫歯にかかった人は50%います。虫歯にかかった人の60%の人は，ちりょうが終わっています。ちりょうが終わっている人は何人ですか。〔1問8点〕

① 虫歯のある人の数を求めてから，ちりょうが終わった人の数を求めましょう。

式 $40 \times 0.5 = 20$, $20 \times 0.6 = \boxed{}$　　答え $\boxed{}$ 人

② ちりょうが終わった人が，学級の人数のどれだけの割合になるかを考えて求めましょう。

式 $0.5 \times 0.6 = 0.3$, $40 \times 0.3 = \boxed{}$　　答え $\boxed{}$ 人

2 全体の面積が200m²の土地があります。そのうちの40%を花だんにしました。花だんの50%にチューリップを植えました。チューリップを植えた面積は何m²ですか。〔1問8点〕

① 花だんの面積を求めてから，チューリップを植えた面積を求めましょう。

式 $200 \times 0.4 =$

答え 　　　m²

② チューリップを植えた面積が，土地全体の面積のどれだけの割合になるかを考えて求めましょう。

式 $0.4 \times 0.5 =$

答え 　　　m²

3 さくらさんの学級の人数は30人です。そのうち，虫歯にかかった人は50%います。虫歯にかかった人の80%の人はちりょうが終わっています。ちりょうが終わっている人は何人ですか。〔10点〕

式

答え

4 ゆうなさんの学級の人数は35人で，そのうち，40%の人がかぜをひきました。かぜをひいた人の50%の人は，すでになおりました。かぜがなおった人は何人ですか。〔10点〕

答え _____

5 全体の面積が1000m²の公園があります。そのうちの50%は広場で，広場の60%はしばふになっています。しばふの面積は何m²ですか。〔12点〕

答え _____

6 5年生全体の人数は130人で，そのうち，虫歯にかかった人は50%います。虫歯にかかった人の80%は，ちりょうが終わっています。ちりょうが終わっている人は何人ですか。〔12点〕

答え _____

7 全体の面積が2000m²の公園があります。そのうちの60%は広場で，広場の40%はしばふになっています。しばふの面積は何m²ですか。〔12点〕

答え _____

8 全体の面積が320m²の土地の30%を花だんにしました。花だんの50%にヒヤシンスを植えました。ヒヤシンスを植えた面積は何m²ですか。〔12点〕

答え _____

77 いろいろな問題⑦

得点　　点

答え➡別冊解答（べっさつかいとう）28ページ

1 下の図のように，おはじきを1辺が2こ，3こ，4ことなるように正方形の形にならべていきます。1辺が4このとき，おはじきは全部で何こになりますか。

〔1問10点〕

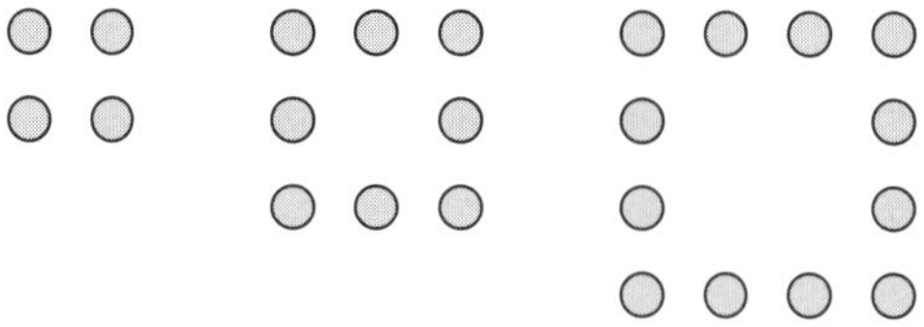

① 左の図のように考えて求めましょう。

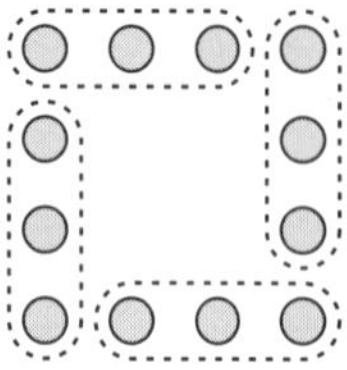

式　(4−1)×4=□

答え □ こ

② 左の図のように考えて求めましょう。

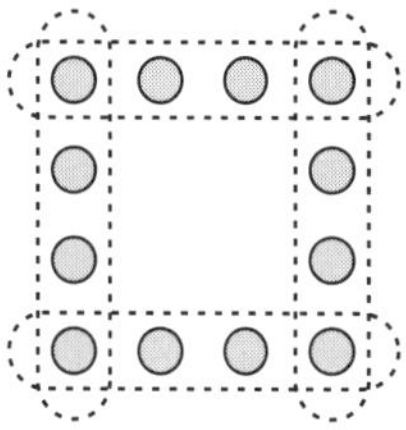

式　4×4−4=□

答え □ こ

2 下の図のように，おはじきを1辺が2こ，3こ，4ことなるように正三角形の形にならべていきます。1辺が4このとき，おはじきは全部で何こになりますか。

〔1問10点〕

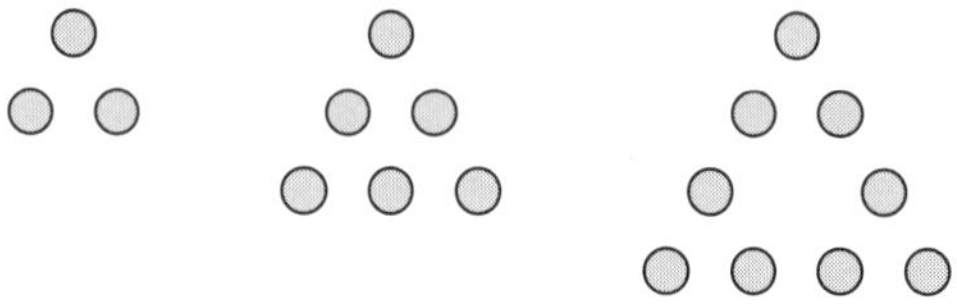

① 左の図のように考えて求めましょう。

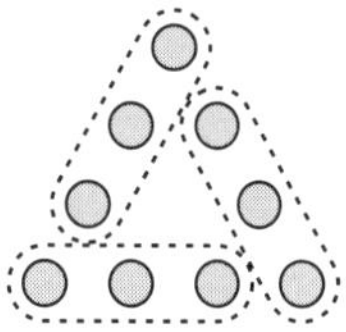

式　(4−1)×3=

答え　　こ

② 左の図のように考えて求めましょう。

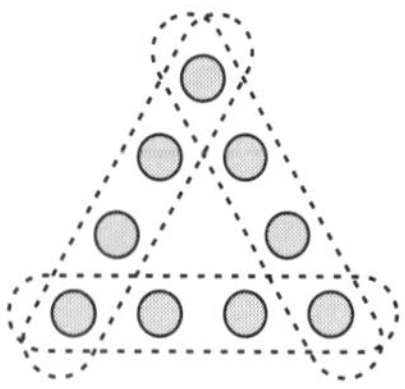

式　4×3−3=

答え　　こ

3 下の図のように，おはじきを 1 辺が 2 こ，3 こ，4 こ，…となるように正方形の形にならべていきます。1 辺が 5 こになるようにならべるには，おはじきは全部で何こいりますか。〔12点〕

○ ○　　　○ ○ ○　　　○ ○ ○ ○
○ ○　　　○　　○　　　○　　　　○
　　　　　○ ○ ○　　　○　　　　○　……
　　　　　　　　　　　○ ○ ○ ○

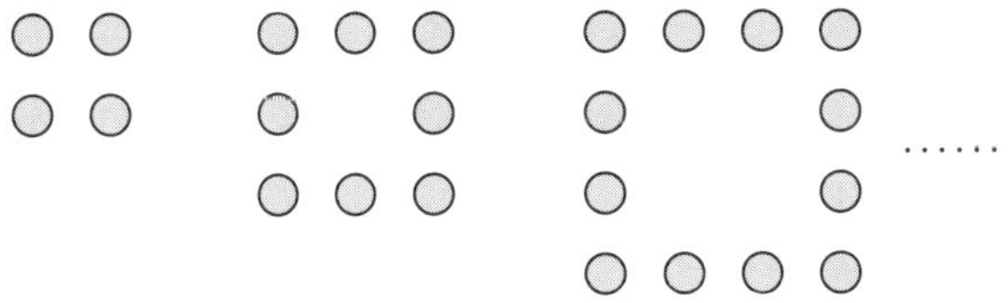

式

答え _____

4 3 の問題のように，おはじきを正方形の形にならべていきます。1 辺が 8 こになるようにならべるには，おはじきは全部で何こいりますか。〔12点〕

式

答え _____

5 3 の問題のように，おはじきを正方形の形にならべていきます。1 辺が 15 こになるようにならべるには，おはじきは全部で何こいりますか。〔12点〕

式

答え _____

6 下の図のように，おはじきを 1 辺が 2 こ，3 こ，4 こ，…となるように正三角形の形にならべていきます。1 辺が 6 こになるようにならべるには，おはじきは全部で何こいりますか。〔12点〕

　　○　　　　　○　　　　　○
　○ ○　　　○ ○ ○　　　○　○
　　　　　○ ○ ○　　　○　　○　……
　　　　　　　　　　　○ ○ ○ ○

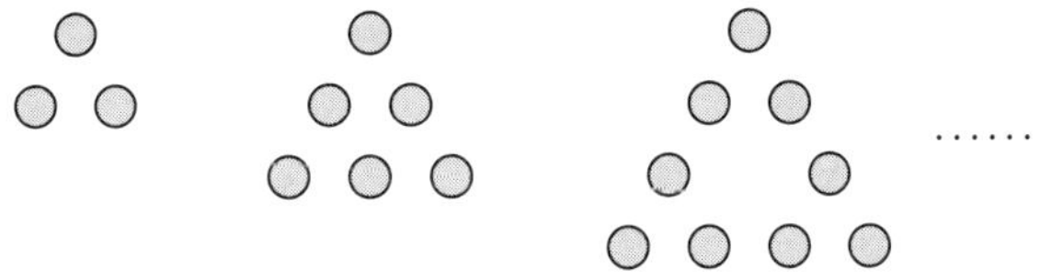

式

答え _____

7 6 の問題のように，おはじきを正三角形の形にならべていきます。1 辺が 20 こになるようにならべるには，おはじきは全部で何こいりますか。〔12点〕

式

答え _____

得点

点

答え➡ 別冊解答 28ページ

1 1辺が1cmの正方形を，下の図のように横につないでいきます。〔1問8点〕

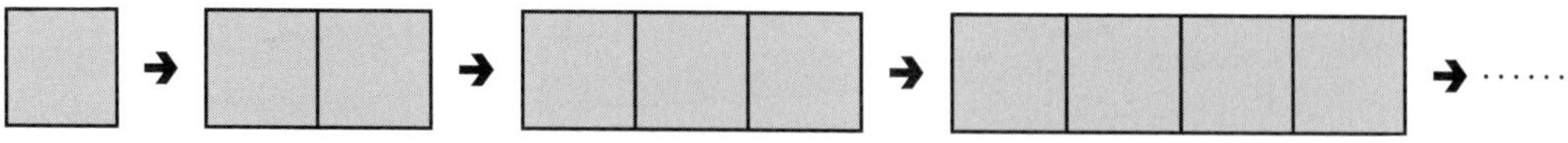

① 下の表の正方形の数にあう，できた図形の周りの長さを表に書きましょう。

正方形の数（こ）	1	2	3	4	5	…
周りの長さ（cm）	4	6				…

② 正方形の数を□こ，できた図形の周りの長さを○cmとして，□と○の関係を式に表しましょう。

答え □×2＋ ＝○

③ ②の式で，□にあう数が6のとき，○にあう数はいくつですか。

答え

2 長さが等しいぼうを使って，下の図のように正三角形を横にならべていきます。

① 下の表の正三角形の数にあう，使ったぼうの数を表に書きましょう。〔10点〕

正三角形の数（こ）	1	2	3	4	5	…
ぼうの数（本）	3					…

② 正三角形の数を□こ，使ったぼうの数を○本として，□と○の関係を式に表しましょう。〔8点〕

答え □×2＋ ＝

③ ②の式で，□にあう数が7のとき，○にあう数はいくつですか。〔8点〕

答え

3 たての長さが2cm，横の長さが1cmの長方形を，下の図のように横につないでいきます。〔1問8点〕

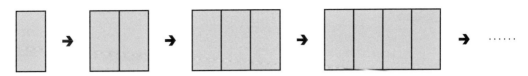

① 下の表の長方形の数にあう，できた図形の面積を表に書きましょう。

長方形の数（こ）	1	2	3	4	5	6	7	…
図形の面積（cm²）	2	4						…

② 長方形の数を□こ，図形の面積を○cm²として，□と○の関係を式に表しましょう。

答え _____

③ ②の式で，□にあう数が9のとき，○にあう数はいくつですか。

答え _____

4 1辺の長さが1cmの正方形をならべて，下の図のような階だんの形をつくっていきます。

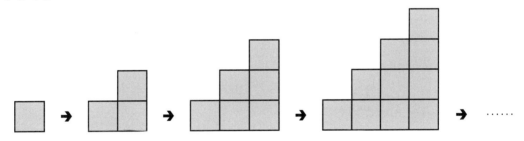

① 下の表のだんの数にあう，周りの長さを表に書きましょう。〔10点〕

だんの数（だん）	1	2	3	4	5	6	…
周りの長さ（cm）	4	8					…

② だんの数を□だん，周りの長さを○cmとして，□と○の関係を式に表しましょう。〔8点〕

答え _____

③ ②の式で，□にあう数が8のとき，○にあう数はいくつですか。〔8点〕

答え _____

79

いろいろな問題⑨

1 おはじきを何人かの子どもに分けようと思います。1人5こずつにすると，ちょうど分けることができます。あと3こあると，6こずつにすることができます。子どもは何人いますか。〔8点〕

答え ☐ 人

2 色紙を何人かの子どもに分けようと思います。1人5まいずつにすると，ちょうど分けることができます。あと4まいあると，6まいずつにすることができます。子どもは何人いますか。〔8点〕

答え 人

3 おはじきを何人かの子どもに分けようと思います。1人3こずつにすると，ちょうど分けることができます。あと6こあると，5こずつにすることができます。子どもは何人いますか。〔8点〕

答え

4 えん筆を何人かの子どもに分けようと思います。1人3本ずつにすると，ちょうど分けることができます。あと10本あると，5本ずつにすることができます。子どもは何人いますか。〔8点〕

答え

5 おはじきを何人かの子どもに分けようと思います。1人4こずつにすると，ちょうど分けることができます。1人6こずつにすると，8こたりなくなります。子どもは何人いますか。〔8点〕

答え

6 みかんを何人かの子どもに分けようと思います。1人6こずつにすると，12こたりなくなります。1人4こずつにすると，ちょうど分けることができます。子どもは何人いますか。〔8点〕

答え

7 おはじきを何人かの子どもに分けようと思います。1人に6こずつ分けると、10こたりなくなり、4こずつにすると、ちょうど分けることができます。〔1問8点〕

① 子どもは何人いますか。

式 $10 \div (6 - 4) = \boxed{}$　　　　答え $\boxed{}$ 人

② おはじきは何こありますか。

式

　　　　答え _____

8 えん筆を何人かの子どもに分けようと思います。1人に5本ずつ分けると、12本たりなくなり、3本ずつにすると、ちょうど分けることができます。子どもは何人いますか。また、えん筆は何本ありますか。〔12点〕

式

　　　　答え _____

9 画用紙を何人かの子どもに分けようと思います。1人に6まいずつ分けると、14まいたりなくなり、4まいずつにすると、ちょうど分けることができます。子どもは何人いますか。また、画用紙は何まいありますか。〔12点〕

式

　　　　答え _____

10 あめを何人かの子どもに分けようと思います。1人に8こずつ分けると、18こたりなくなり、5こずつにすると、ちょうど分けることができます。子どもは何人いますか。また、あめは何こありますか。〔12点〕

式

　　　　答え _____

80

いろいろな問題⑩

1 みかんを何人かの子どもに分けようと思います。1人に4こずつ分けると，3こあまります。あと1こあると，1人に5こずつ分けることができます。子どもは何人いますか。〔8点〕

答え ☐ 人

2 えん筆を何人かの子どもに分けようと思います。1人に4本ずつ分けると，3本あまります。あと2本あると，1人に5本ずつ分けることができます。子どもは何人いますか。〔8点〕

答え 人

3 みかんを何人かの子どもに分けようと思います。1人に3こずつ分けると，6こあまります。あと2こあると，1人に5こずつ分けることができます。子どもは何人いますか。〔8点〕

答え

4 色紙を何人かの子どもに分けようと思います。1人に3まいずつ分けると，8まいあまります。あと2まいあると，1人に5まいずつ分けることができます。子どもは何人いますか。〔8点〕

答え

5 みかんを何人かの子どもに分けようと思います。1人に4こずつ分けると，5こあまります。1人に6こずつ分けると，1こたりなくなります。子どもは何人いますか。〔8点〕

答え

6 おはじきを何人かの子どもに分けようと思います。1人に4こずつ分けると，9こあまり，6こずつにすると，3こたりなくなります。子どもは何人いますか。

〔8点〕

答え

7 みかんを何人かの子どもに分けようと思います。1人に5こずつ分けると, 6こたりなくなり, 3こずつにすると, 4こあまります。〔1問8点〕

① 子どもは何人いますか。

式 $(6+4)\div(5-3)=$ ☐　　　答え ☐ 人

② みかんは何こありますか。

式　　　　　　　　　　　　　　　　　　答え ＿＿＿＿＿＿＿＿

8 あめを何人かの子どもに分けようと思います。1人に7こずつ分けると, 6こたりなくなり, 5こずつにすると, 2こあまります。子どもは何人いますか。また, あめは何こありますか。〔12点〕

式 $(6+2)\div(7-5)=$

答え ＿＿＿＿＿＿＿＿＿＿＿＿＿＿＿＿

9 色紙を何人かの子どもに分けようと思います。1人に5まいずつ分けると, 8まいたりなくなり, 3まいずつにすると, 4まいあまります。子どもは何人いますか。また, 色紙は何まいありますか。〔12点〕

式

答え ＿＿＿＿＿＿＿＿＿＿＿＿＿＿＿＿

10 画用紙を何人かの子どもに分けようと思います。1人に6まいずつ分けると, 9まいたりなくなり, 4まいずつにすると, 5まいあまります。子どもは何人いますか。また, 画用紙は何まいありますか。〔12点〕

式

答え ＿＿＿＿＿＿＿＿＿＿＿＿＿＿＿＿

あとすこし!

81

5年のまとめ①

1 1Lの重さが1.12kgの食塩水の0.65L分の重さは何kgですか。〔8点〕

(式)

答え

2 4.2Lのガソリンで44.5km走る自動車があります。この自動車はガソリン1Lで約何km走ることができますか。商を四捨五入して$\frac{1}{10}$の位まで求めましょう。〔8点〕

(式)

答え

3 4.2km走ろうと思います。1周0.65kmの池の周りを6周しました。あと何km走ればよいでしょうか。1つの式に表し，答えを求めましょう。〔8点〕

(式)

答え

4 ジュースを$\frac{2}{3}$L飲みましたが，まだ$1\frac{5}{6}$L残っています。はじめにジュースは何Lありましたか。〔8点〕

(式)

答え

5 ゆうきさんの体重は34.2kg，かんなさんの体重は29.3kg，ひかりさんの体重は35.2kg，たくみさんの体重は28.5kgです。4人の体重の平均は何kgですか。〔8点〕

(式)

答え

6 とうまさんは，家から駅まで自転車で25分かけて行きました。自転車の時速は12kmでした。家から駅まで何kmありますか。〔8点〕

(式)

答え